JN303757

復刊
積分幾何学

栗田 稔 著

共立出版株式会社

は し が き

　積分幾何学は，昔から幾何学的確率論として研究されてきたことを，現代数学の立場からその基礎を反省し，さらにこれを発展させたものである．積分幾何で扱うのは，諸種の幾何図形の集まりについて，変位によって不変な測度を定め，これを用いて図形に付随した量の間のいろいろな関係を求めることである．ここでは，そのきわめて初歩の部分より説き起し，扱う材料も方法もしだいに進んでいくように論じているので，どの章までで終っても，それで一応まとまりのつくようになっている．したがって第1章，第2章で述べることの中には，第3章に至ってもっと広い場合について，進んだ方法で重ねて証明しているようなことが相当にある．また，第4章では，最も進んだ立場から積分幾何学の基礎を概説し，将来の発展への展望を試みているので，この章に限っては必ずしもいちいち証明を述べてはいない．予備知識としては，第1, 2章では高木貞治，解析概論の程度の微積分，3次元空間のベクトル，第3章では n 次元ベクトル空間，行列などを必要とする．

　1956年11月

栗　田　　　稔

目　　次

序　　論 ·· 1

第1章　ユークリッド平面の積分幾何 ····················· 12

1・1　点の測度 ·· 12
1・2　直線の測度 ··· 14
1・3　点の対，直線の対 ··· 18
1・4　位置の測度 ··· 22
1・5　Poincaré の式，等周問題 ·· 24
1・6　積分幾何の主公式 ··· 28

第2章　動標構の方法 ··· 31

2・1　相対成分 ·· 31
2・2　球面上の積分幾何 ··· 34
2・3　直線上の点の測度 ··· 39
2・4　楕円幾何での測度 ··· 42
2・5　双曲幾何での測度 ··· 45
2・6　同次アフィン変換と測度 ··· 51
2・7　格子の測度 ··· 56

第3章　ユークリッド空間の積分幾何 ····················· 60

3・1　空間の動標構 ·· 60
3・2　平面の測度 ··· 65
3・3　位置の測度 ··· 70
3・4　曲　　面 ··· 73
3・5　積分幾何の主公式 ··· 80

第 4 章　積分幾何学の展望 …………………………………… 91

1. **等質空間での測度**
    - 4・1　等質空間 ……………………………………………………… 91
    - 4・2　相対成分 ……………………………………………………… 93
    - 4・3　不変測度 ……………………………………………………… 97
    - 4・4　Stokes の定理の応用 ………………………………………100

2. **等質でない空間での測度**
    - 4・5　変分学と積分不変式 ………………………………………104
    - 4・6　2次元曲面上の測度 ………………………………………108

　　索　　引 ……………………………………………………………111

序　　論

1. はじめに，次のような問題を考えてみよう．

問題 1. 中心 O，半径 r の円の内部に，任意の点 P をとるとき，
$$\mathrm{OP} < \frac{1}{2}r$$
である確率はいくらか．

これには，次のようにいろいろの解が考えられる．

（解 1）$\mathrm{OP} < \frac{1}{2}r$ である点 P の存在範囲は，O を中心とし，半径 $\frac{1}{2}r$ の円の内部である．平面図形内の点の分量を，その占める部分の面積で計ることにすれば

$$\frac{(\mathrm{OP}<\frac{1}{2}r \text{ なる点 P の分量})}{(\text{円 O 内の点の分量})} = \frac{\frac{1}{4}\pi r^2}{\pi r^2} = \frac{1}{4}$$

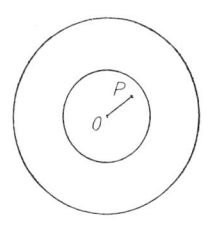

図　1

となって求める確率は $\frac{1}{4}$．

（解 2）円 O 内の点は，すべて一つの半径の上にある．いま，P が半径 OA 上にあるとして，この上で考える．直線上では，点の集まりの分量はその占める部分の長さで計るのが自然だから

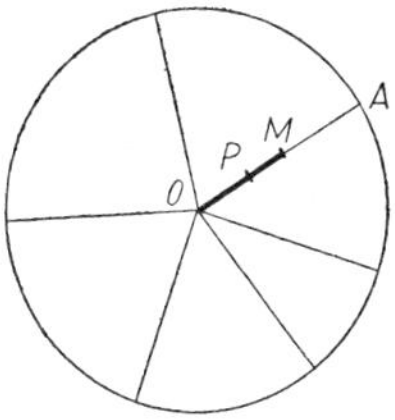

$$\frac{(\mathrm{OA}\text{ 上で }\mathrm{OP}<\frac{1}{2}r\text{ となる点 P の分量})}{(\text{半径 OA 上の点の分量})}$$

図　2

$$= \frac{\frac{1}{2}r}{r} = \frac{1}{2}$$

ところが，どの半径もすべて対等だから，求める確率は $\frac{1}{2}$．

（解 3）円 O 内の点は，すべて半径を直径とする半円周上にあって，しかも

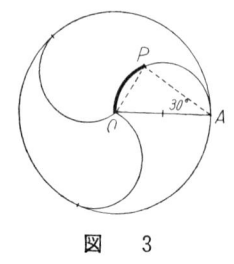

図 3

円 O の内部はこのような半円周ですきまなく，しかも一重に覆うことができる．そこでこの半円周 OA 上で考えると，$OP < \frac{1}{2} r$ なら P は弧 OA の $\frac{1}{3}$ の弧の上にある．円周上での点の集まりの分量は，その占める部分の弧の長さで計るのが自然だから

$$\frac{(\text{弧 OA 上で } OP < \frac{1}{2} r \text{ となる点 P の分量})}{(\text{弧 OA 上の点の分量})} = \frac{1}{3}$$

となるが，どの半円弧も対等だから，求める確率は $\frac{1}{3}$．

これらの三つの解法はどれも一応もっともである．（解 3 は少し凝っているが，これとて間違っているところはない）．それなのに答は $\frac{1}{4}$, $\frac{1}{2}$, $\frac{1}{3}$ と異なっている．同じ問題で，やりかたがちがえば答がちがってきては困る．そこで，もう一度上の三つの解をくらべてみると，

解 1 では，平面上の点の分量をその占める部分の面積で計る

解 2 では，直線上の点の分量をその占める部分の長さで計る

解 3 では，円弧の上の点の分量をその占める部分の弧の長さで計る

のであって，これらの計りかたが本質的に異なるので，ちがった答が出たわけである．つまりこのような問題を解くには，'点の分量の計りかた' を与えなければいけないので，はじめの問題は，実は '問題自身が不備' なのである．

このような種類の問題が，幾何学的確率として，前世紀まで多くの人を悩ましてきた．つまり，当時の人々は，点の集まりがあると，その分量は自然にきまるものと思っていたのであるが，実はそうでなくて，分量の分布は点の存在とは別の物なのである．このことは，質量と対比してみると，たやすく理解されよう．たとえば，円板からその半分の半径の円板を切りぬいても，その小円板の質量は，もとの円板の質量の $\frac{1}{4}$ とは限らない．円板の密度が面積について一様であるときは $\frac{1}{4}$ になるので，円板の密度が与えられなければ，答は出な

い．これはわかりきったことであるが，点の分量というものも，質量と同じように考えるべきものだということが，長い間理解されなかったわけである．

2. そこで，点の分量として考えられるものは相当に自由であるが，全く自由というわけではない．それには，ふつう次のようなことが要請されている．

（Ｉ）　点の集合 K の分量 $\mathrm{m}(K)$ は正の数または 0 である．

（II）　互に共通点のない点の集合 $K_1, K_2, K_3, \ldots\ldots$（可付番個）を合せた集合 $K_1+K_2+K_3+\ldots\ldots$ の分量は，$K_1, K_2, K_3, \ldots\ldots$ の各分量の和である．つまり
$$\mathrm{m}(K_1+K_2+K_3+\ldots\ldots)=\mathrm{m}(K_1)+\mathrm{m}(K_2)+\mathrm{m}(K_3)+\ldots\ldots \text{（加法性）}$$

（II）から $K_1, K_2, \ldots\ldots$ がすべて空集合 K であれば，$\mathrm{m}(K)=0$ であることが導かれる．また，$K_{n+1}, K_{n+2}, \ldots\ldots$ が空集合であれば
$$\mathrm{m}(K_1+K_2+\cdots+K_n)=\mathrm{m}(K_1)+\mathrm{m}(K_2)+\ldots\ldots+\mathrm{m}(K_n).$$
つまり（II）は有限個の $K_1, K_2, \cdots, K_n$ についても成り立つ．

要請（II）で，$K_1, K_2, K_3, \ldots\ldots$ が可付番無限個ということが大切である．たとえば，平面上の図形を点の集まりとみて，その分量を面積で表わすとき，（Ｉ）（II）は成り立っているが，このとき一点については分量（面積）は 0 である．どんな図形も点から成り立っているから，（II）が可付番無限個でなくすべての無限個の点集合について成り立っていれば，どんな図形の面積も 0 になって矛盾してくる．

（Ｉ）（II）の要請をみたす点集合の分量のことを，その点集合の測度（measure）とよぶ．直線上の線分の長さ，平面上の図形の面積，空間の立体の体積などは，すべてこれらの図形の測度であるが，測度はこのようなものに限るわけではない．しかし，直線上で点集合の測度をその占める長さにとり，平面上で点集合の測度をその面積にとり，空間で点集合の測度をその体積にとることはきわめて常識的である．そして，その裏づけは次のようなことからなされる．

点集合の測度に対する要請として，（Ｉ）（II）の他に，さらに

（III）　合同な点集合の測度は等しい

ということを加えてみよう．線分の長さ，平面図形の面積，立体の体積などの測度は，確かにこれを満たしている．しかし，実は（I）（II）（III）を満たすものは，長さ，面積，体積またはこれらに一定数をかけたものの他にないことは，それぞれたやすく証明される．たとえば，面積についていえば，一辺の長さ1の正方形の測度を1とすれば，（I）（II）（III）をくり返し用いることにより，平面図形の測度はその面積に等しいことが導かれる．

ここで，（III）における'合同'ということを，少し詳しく考えてみよう．'合同'，つまり'重ね得る'というのは，一体どういうことであろうか．たとえば，

合同な線分は，長さが等しい

ともいえるし，

長さが等しい線分は，合同である

ともいえる．長さと合同とは，どちらが先に立つ概念であるともいわれない．F. Klein（クライン）(1849—1925) が明らかにしたように，合同ということも天賦（先験的，アプリオリ）のものでなく，ユークリッド幾何の合同とちがった意味での合同も考えられる．たとえば，非ユークリッド幾何での意味における合同（第2章 2·4, 2·5 参照）もまた正当性をもったものである．したがって（III）における合同の意味もいろいろ考えられるのであるが，以上の考察によって次のようなことがわかったわけである．

> 直線上の線分の長さ，平面図形の面積，立体の体積は，ユークリッド幾何の立場から（I）（II）（III）を満たす測度である．逆に，ユークリッド幾何の立場から（I）（II）（III）を満たす測度は，これらの測度またはその定数倍の他にない．

ふつう（I）（II）（III）を満たす測度は Haar（ハール）の測度とよばれている．

3. これまでは点の集合の測度を考えてきたが，もっと別の図形の集合の測度を考える必要も起ってくる．たとえば，次の問題を考えよう．

問題 2. 凸閉曲線 c_1 の内部に，凸閉曲線 c_2 があるとき，c_1 に交わる任意の直線が c_2 にも交わる確率．

この求める確率は，直線の集まりの測度がきまれば，

$$\frac{(c_2 に交わる直線全体の測度)}{(c_1 に交わる直線全体の測度)}$$

として計算される．また

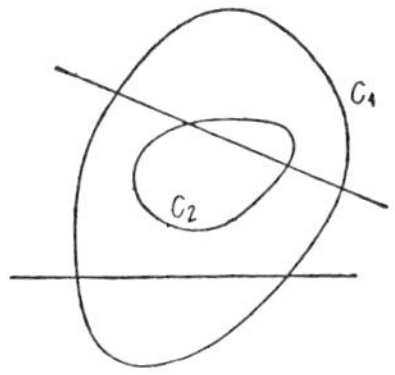

問題 3. 平面の上に等間隔で平行線がひかれているとき，この平面上へ落した針が，これらの平行線のどれかに交わる確率．

においては，'針の平面上での位置'を一つのものとして考え，このような位置の集まりに測度がきまれば，求める確率は

$$\frac{(平行線に交わる針のすべての位置の測度)}{(針のすべての位置の測度)}$$

として計算される．

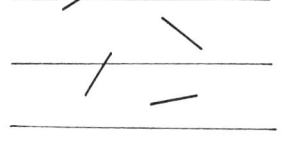

図 4

図 5

このように，点の測度の他に，直線の測度，位置の測度などいろいろ考えられるが，これらはすべて(Ⅰ)(Ⅱ)(Ⅲ)を満たすもの（幾何学の立場からすれば一様な分布の測度）にとるのが，常識的といえよう．

問題 1, 2, 3 のようなものは，古くから幾何学的確率としていろいろと研究されてきている．とりわけ問題 3 は Buffon（ビュッフォン）(1707—1788) の針の問題として著名であり，問題 2 は Crofton（クロフトン）によって解かれた (1868)．しかし，そこに用いられる測度が(Ⅰ)(Ⅱ)(Ⅲ)に適合するものであり，ユークリッド幾何の立場からすれば，最も自然なものであるという自覚はなかった．これに徹したのは Poincaré（ポアンカレ）(1854—1912) と E. Cartan（カルタン）(1869—1951) である．1930 年代に至り，W. Blaschke（ブラシュケ）とその一門が，ハンブルグ大学を中心として，このような立場から，種々の図形について変位で不変な測度を求め，これを応用して図形に関連した量の間の関係式を求め，とくに凸閉曲面に関するいろいろの性質を導いた．そして，測度の計算には積分が出てくるので，このような幾何学

の一部門を積分幾何学 (Integralgeometrie, integral geometry) と名づけた．ただ，微分幾何学の広大な分野にくらべれば，今日の積分幾何学の扱う分野は狭いものであって，むしろ広い意味での微分幾何学の一分科とみなしてもよいものであろう．積分幾何学の主な書物としては，次のものをあげることができる．

  W. Blaschke, Integralgeometrie 1 (1936), 2 (1937)

  L. A. Santaló, Introduction to integral geometry (1953).

4. 積分幾何ではつねに積分が出てくるが，これを扱うのに，次に述べる Grassmann (グラスマン) の代数という計算法をくり返し用いるので，これを説明しておこう．まず $x_1, x_2, \ldots, x_n$ の一次式

$$\omega_1 = a_1 x_1 + a_2 x_2 + \cdots + a_n x_n, \quad \omega_2 = b_1 x_1 + b_2 x_2 + \cdots + b_n x_n$$

を考え，これらの式で $x_1 = X_1, x_2 = X_2, \ldots, x_n = X_n$ とおいたものを $\omega_1(X), \omega_2(X)$ と書き，$x_1 = Y_1, x_2 = Y_2, \ldots, x_n = Y_n$ とおいたものを $\omega_1(Y), \omega_2(Y)$ と書いて，行列式 $\begin{vmatrix} \omega_1(X) & \omega_2(X) \\ \omega_1(Y) & \omega_2(Y) \end{vmatrix}$ をつくれば

$$\begin{vmatrix} \omega_1(X) & \omega_2(X) \\ \omega_1(Y) & \omega_2(Y) \end{vmatrix} = \begin{vmatrix} a_1 X_1 + \cdots + a_n X_n & b_1 X_1 + \cdots + b_n X_n \\ a_1 Y_1 + \cdots + a_n Y_n & b_1 Y_1 + \cdots + b_n Y_n \end{vmatrix}$$

$$= \sum_{i<j} \begin{vmatrix} a_i & a_j \\ b_i & b_j \end{vmatrix} \cdot \begin{vmatrix} X_i & X_j \\ Y_i & Y_j \end{vmatrix} \qquad (1)$$

ここに和は $i, j = 1, 2, \cdots, n$, $i < j$ であるようなすべての i, j の組合せについてつくるものとする．そこで，一般に

$$[\omega_1, \omega_2] = \begin{vmatrix} \omega_1(X) & \omega_2(X) \\ \omega_1(Y) & \omega_2(Y) \end{vmatrix} \quad \text{したがって} \quad [x_i, x_j] = \begin{vmatrix} X_i & X_j \\ Y_i & Y_j \end{vmatrix}$$

とおくことにすれば，

$$[\omega_1, \omega_2] = \sum_{i<j} (a_i b_j - a_j b_i) [x_i, x_j] \qquad (2)$$

となり，かつ $[x_i, x_j] = -[x_j, x_i]$, とくに $[x_i, x_i] = 0$ (3)

である．さらに定数 k に対し

序論

$$[k\omega_1, \omega_2] = k[\omega_1, \omega_2], \quad [\omega_1, k\omega_2] = k[\omega_1, \omega_2] \quad (4)$$

であり, ω_1, ω_2 の他にもう一つの一次式 $\omega_3 = c_1 x_1 + c_2 x_2 + \cdots\cdots + c_n x_n$ を考えると

$$[\omega_1 + \omega_2, \omega_3] = [\omega_1, \omega_3] + [\omega_2, \omega_3], \quad [\omega_3, \omega_1 + \omega_2] = [\omega_3, \omega_1] + [\omega_3, \omega_2] \quad (5)$$

であることも確かめられる. そこで, 逆に法則 (3) (4) (5) を用いて

$$[\omega_1, \omega_2] = [a_1 x_1 + a_2 x_2 + \cdots + a_n x_n, \ b_1 x_1 + b_2 x_2 + \cdots + b_n x_n] \quad (6)$$

を計算すれば, (2)が得られる.

一般に $x_1, x_2, \cdots, x_n$ の一次式 ω_1, ω_2 に対し, $[\omega_1, \omega_2]$ というものを抽象的に考え, これを $[x_i, x_j]$ ($i, j = 1, 2, \cdots, n; \ i < j$) を基とするベクトル空間の要素として, その計算法則を (3) (4) (5) で与えることができる. $[\omega_1, \omega_2]$ を ω_1, ω_2 の**外積**といい, $\omega_1 \wedge \omega_2$, $\omega_1 \omega_2$ などとも書く.

この外積の定義は, 変数 $x_1, x_2, \cdots\cdots, x_n$ に一次変換をほどこしても変らない. つまり,

$$x_i = \sum_{k=1}^{m} p_{ik} u_k \quad (i = 1, 2, \cdots\cdots, n) \quad (7)$$

によって変数 $x_1, \cdots\cdots, x_n$ を変数 $u_1, \cdots\cdots, u_m$ にかえれば, $x_1, \cdots\cdots, x_n$ の一次式

$$\omega_1 = \sum_{i=1}^{n} a_i x_i, \quad \omega_2 = \sum_{i=1}^{n} b_i x_i \quad (8)$$

はそれぞれ

$$\omega_1 = \sum_{k=1}^{m} s_k u_k, \quad \omega_2 = \sum_{k=1}^{m} t_k u_k \quad (9)$$

の形になる. ここに

$$s_k = \sum_{i=1}^{n} a_i p_{ik}, \quad t_k = \sum_{i=1}^{n} b_i p_{ik} \quad (10)$$

そこで (9) をもとにして $[\omega_1, \omega_2]$ をつくれば,

$$[\omega_1, \omega_2] = \sum_{k<l} \begin{vmatrix} s_k & s_l \\ t_k & t_l \end{vmatrix} [u_k, u_l] = \sum_{i<j} \sum_{k<l} \begin{vmatrix} a_i & a_j \\ b_i & b_j \end{vmatrix} \cdot \begin{vmatrix} p_{ik} & p_{jk} \\ p_{il} & p_{jl} \end{vmatrix} [u_k, u_l] \quad (11)$$

ところが (7) によれば

$$[x_i, x_j] = \sum_{k<l} \begin{vmatrix} p_{ik} & p_{jk} \\ p_{il} & p_{jl} \end{vmatrix} [u_k, u_l] \qquad (12)$$

であるから，(11) は $x_1, x_2, \cdots, x_n$ を変数とみて(8)からつくった外積

$$[\omega_1, \omega_2] = \sum_{i<j} \begin{vmatrix} a_i & a_j \\ b_i & b_j \end{vmatrix} [x_i, x_j]$$

で，$[x_i, x_j]$ のところへ(12)を代入したものである．この意味で，外積 $[\omega_1, \omega_2]$ は変数のとりかたに無関係である．また，$\omega_i (i=1,\cdots,n)$ が一次独立なら，$[\omega_i, \omega_j]$ ($i<j$, $i,j=1,2,\cdots n$) も一次独立である．

三つ以上の一次式 $\omega_1, \omega_2, \cdots, \omega_h$ についても，外積 $[\omega_1 \omega_2 \cdots \omega_h]$ を考える．これを $[\prod_i^h \omega_i]$ とも書き，その計算法則を次のように与えることにする．

$\omega_1, \omega_2, \cdots \omega_h, \omega_1{}'$ が一次式，k が定数のとき，

(i) $[\omega_1 \omega_2 \cdots \omega_h]$ で二つの項を入れかえると，符号が変る．

とくに $\omega_1, \omega_2, \cdots, \omega_h$ の中の二つが等しければ，$[\omega_1 \omega_2 \cdots \omega_h] = 0$.

(ii) $[k\omega_1, \omega_2 \cdots \omega_h] = k[\omega_1 \omega_2 \cdots \omega_h]$

(iii) $[\omega_1 + \omega_1{}', \omega_2 \cdots \omega_h] = [\omega_1 \omega_2 \cdots \omega_h] + [\omega_1{}' \omega_2 \cdots \omega_h]$

これらの外積で，h をその階数（または次数）という．

つぎに，二つの外積 $\Omega_1 = [\omega_1 \omega_2 \cdots \omega_h]$, $\Omega_2 = [\omega_{h+1} \omega_{h+2} \cdots \omega_n]$ の積 $[\Omega_1, \Omega_2]$ を，

$$[\Omega_1, \Omega_2] = [\omega_1 \omega_2 \cdots \omega_h \omega_{h+1} \omega_{h+2} \cdots \omega_n]$$

で定義する．そうすれば，たとえば

$$[\omega_1 \omega_2 \omega_3] = [[\omega_1 \omega_2] \omega_3] = [\omega_1 [\omega_2 \omega_3]]$$

問 1 $[\omega_1 + a\omega_2, \omega_2] = [\omega_1, \omega_2]$ を証明せよ．(a は定数)

問 2 $[p\omega_1 + q\omega_2, r\omega_1 + s\omega_2]$ を簡単にせよ．(p, q, r, s は定数)

問 3 次のことを験算せよ．

$$\left. \begin{array}{l} \omega_1 = a_1 x_1 + a_2 x_2 + a_3 x_3 \\ \omega_2 = b_1 x_1 + b_2 x_2 + b_3 x_3 \\ \omega_3 = c_1 x_1 + c_2 x_2 + c_3 x_3 \end{array} \right\} \text{のとき，} [\omega_1 \omega_2 \omega_3] = \begin{vmatrix} a_1 & a_2 & a_3 \\ b_1 & b_2 & b_3 \\ c_1 & c_2 & c_3 \end{vmatrix} [x_1 x_2 x_3]$$

問 4 $\bar{\omega}_i = \sum_{j=1}^n p_{ij} \omega_j$ ($i=1,\cdots,n$) のとき，$\sum_{i=1}^n \bar{\omega}_i{}^2 = \sum_{i=1}^n \omega_i{}^2$ ならば

$$[\bar{\omega}_1 \bar{\omega}_2 \cdots \bar{\omega}_n] = \pm [\omega_1 \omega_2 \cdots \omega_n]$$

問 5 Ω_1 が p 次の外積, Ω_2 が q 次の外積であれば $[\Omega_1, \Omega_2] = (-1)^{pq}[\Omega_2, \Omega_1]$ であることを証明せよ.

今後出てくるのは, 変数 $x_1, x_2, \cdots, x_n$ の微分についての一次式

$$\omega = \sum_{i=1}^{n} a_i\, dx_i = a_1\, dx_1 + a_2\, dx_2 + \cdots + a_n\, dx_n \tag{13}$$

に関する外積である. ここに $a_1, a_2, \cdots, a_n$ は $x_1, x_2, \cdots, x_n$ の函数である. これらが微分可能な函数のとき

$$d\omega = \sum_{i=1}^{n} [da_i, dx_i] \tag{14}$$

によって, 一次微分式 ω の外微分 $d\omega$ を定義する. これを計算すれば

$$d\omega = \sum_{i=1}^{n}\left[\sum_{j=1}^{n} \frac{\partial a_i}{\partial x_j}\, dx_j, dx_i\right] = \sum_{i<j}\left(\frac{\partial a_i}{\partial x_j} - \frac{\partial a_j}{\partial x_i}\right)[dx_j, dx_i] \tag{15}$$

外積 $d\omega$ も変数 $x_1, x_2, \cdots, x_n$ の変換をおこなっても変らない. つまり,

$$x_i = \varphi_i(u_1, u_2, \cdots, u_m) \quad (i = 1, 2, \cdots, n) \tag{16}$$

を(13)に代入して, ω_i を $du_1, du_2, \cdots, du_m$ の一次式とみて $d\omega$ をつくると, これは(15)に $dx_i = \sum_{k=1}^{m} \frac{\partial x_i}{\partial u_k} du_k$ と(16)とを代入したものに等しいことを, 計算で確かめることができる.

また, 一般に

$$\Omega = \sum_{i_1 < \cdots < i_k} a_{i_1 \cdots i_k}[\omega_{i_1} \cdots \omega_{i_k}] \tag{17}$$

に対しては

$$d\Omega = \sum_{i_1 < \cdots < i_k} [da_{i_1 \cdots i_k}, \omega_{i_1} \cdots \omega_{i_k}] \tag{18}$$

ここに $i_1, i_2, \cdots, i_k$ は $1, 2, \cdots, n$ から任意に k 個とった組合せとする.

問 6 ω がある函数の全微分であれば $d\omega = 0$, つまり f を函数とすれば, $d(df) = 0$ であることを証明せよ.

問 7 a が函数, ω が一次微分式のとき, $d(a\omega) = a\, d\omega + [da, \omega]$ であることを証明せよ.

問 8 $\omega = a_1\, dx_1 + a_2\, dx_2 + a_3\, dx_3$, $\Omega = a_1[dx_2, dx_3] + a_2[dx_3, dx_1] + a_3[dx_1, dx_2]$ のとき, $d\omega, d\Omega$ を計算せよ.

次に積分
$$\int f(x_1, x_2)\, dx_1\, dx_2$$
に変数の変換
$$x_1 = \varphi_1(u_1, u_2), \qquad x_2 = \varphi_2(u_1, u_2)$$
をほどこすとき，$dx_1\, dx_2$ は
$$dx_1\, dx_2 = \frac{\partial(\varphi_1, \varphi_2)}{\partial(u_1, u_2)}\, du_1\, du_2 = \begin{vmatrix} \dfrac{\partial \varphi_1}{\partial u_1} & \dfrac{\partial \varphi_2}{\partial u_1} \\ \dfrac{\partial \varphi_1}{\partial u_2} & \dfrac{\partial \varphi_2}{\partial u_2} \end{vmatrix} du_1\, du_2$$
でおきかえられる．ところが，$dx_1 = \dfrac{\partial x_1}{\partial u_1} du_1 + \dfrac{\partial x_1}{\partial u_2} du_2$, $dx_2 = \dfrac{\partial x_2}{\partial u_1} du_1 + \dfrac{\partial x_2}{\partial u_2} du_2$ から $[dx_1, dx_2]$ を計算すると
$$[dx_1, dx_2] = \begin{vmatrix} \dfrac{\partial \varphi_1}{\partial u_1} & \dfrac{\partial \varphi_2}{\partial u_1} \\ \dfrac{\partial \varphi_1}{\partial u_2} & \dfrac{\partial \varphi_2}{\partial u_2} \end{vmatrix} [du_1, du_2]$$
となるので，このような計算には，外積の計算法（グラスマンの代数）を用いれば，形式的に計算ができて便利である．これが積分幾何で外積の用いられる理由である．以上のことは変数の個数がいくつでも同様である．

このような記号を用いれば，ベクトル場に関する Gauss（ガウス）の定理や Stokes（ストークス）の定理もきわめて簡潔に書ける．

3次元の空間で閉曲面 S の内部を D とし，$\Omega = a_1[dx_2, dx_3] + a_2[dx_3, dx_1] + a_3[dx_1, dx_2]$ とすれば，Gauss の定理
$$\int_S (a_1\, dx_2\, dx_3 + a_2\, dx_3\, dx_1 + a_3\, dx_1\, dx_2) = \int_D \left(\frac{\partial a_1}{\partial x_1} + \frac{\partial a_2}{\partial x_2} + \frac{\partial a_3}{\partial x_3} \right) dx_1\, dx_2\, dx_3$$
は
$$\int_S \Omega = \int_D d\Omega$$
と書きかえられる．また，閉曲線 c で囲まれた曲面を S とし，
$$\omega = a_1\, dx_1 + a_2\, dx_2 + a_3\, dx_3$$
とおけば，Stokes の定理

$$\int_C (a_1\,dx_1 + a_2\,dx_2 + a_3\,dx_3) = \int_S \left(\frac{\partial a_3}{\partial x_2} - \frac{\partial a_2}{\partial x_3}\right) dx_2\,dx_3$$
$$+ \left(\frac{\partial a_1}{\partial x_3} - \frac{\partial a_3}{\partial x_1}\right) dx_3\,dx_1 + \left(\frac{\partial a_2}{\partial x_1} - \frac{\partial a_1}{\partial x_2}\right) dx_1\,dx_2$$

は

$$\int_C \omega = \int_S d\omega$$

と書きかえられる．

　ここでは，外積および外微分について，あとから使うのに差支えのない程度の説明を述べたわけであるが，詳細については，たとえば次の書物を参照して頂けばよい．

松島与三　　多様体入門 (1965)　　　　　裳華房

ニツカーソン・スペンサー・ステイーンロッド
　　　現代ベクトル解析
　　（原田重春・佐藤正次訳 1965）　　　岩波書店

第 1 章　ユークリッド平面の積分幾何

1.1 点の測度

ユークリッド平面上の図形の移動は，

　　　　　　平行移動　　　　　回転　　　　　折返し

を組合せれば得られる．ここでは，折返しを除外したものを**変位**とよぶことにする．直角座標 (x_1, x_2) の点が，変位によって点 (x_1', x_2') へ移ったとすれば

$$x_1' = x_1 \cos\alpha - x_2 \sin\alpha + a_1, \quad x_2' = x_1 \sin\alpha + x_2 \cos\alpha + a_2 \quad (1\cdot1)$$

そこで，点の集まりが領域 K をなすとし，その点集合の測度として，

$$\mathrm{m}(K) = \int_K f(x_1, x_2) dx_1 dx_2 \quad (f(x_1, x_2) \text{は連続で} \geqq 0) \quad (1\cdot2)$$

を考えよう．そうすれば，p.3 で述べた測度の要請（Ⅰ），（Ⅱ），すなわち，$\mathrm{m}(K) \geqq 0$ と $\mathrm{m}(K)$ の加法性は成り立っている．次に，変位 $(1\cdot1)$ によって K が K' に移ったとすれば

$$\mathrm{m}(K') = \int_{K'} f(x_1', x_2') dx_1' dx_2'$$

α, a_1, a_2 は定数だから $(1\cdot1)$ により

$$[dx_1', dx_2']$$
$$= [dx_1 \cos\alpha - dx_2 \sin\alpha,$$
$$\quad dx_1 \sin\alpha + dx_2 \cos\alpha]$$
$$= \cos^2\alpha [dx_1, dx_2] - \sin^2\alpha [dx_2, dx_1]$$
$$= [dx_1, dx_2]$$

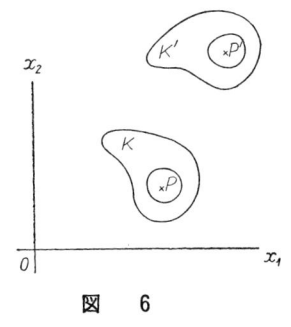

図　　6

ゆえに

$$\mathrm{m}(K') = \int_K f(x_1', x_2') dx_1 dx_2$$

そこで K, K' の面積を S とし，それらの中に適当に点 $(\xi_1, \xi_2), (\eta_1, \eta_2)$ をとれば，積分に関する平均値の定理により

$$\mathrm{m}(K) = S f(\xi_1, \xi_2), \quad \mathrm{m}(K') = S f(\eta_1, \eta_2)$$

そこで p.3 の要請

 (Ⅲ)　K, K' が合同のとき，$\mathrm{m}(K)=\mathrm{m}(K')$

が成り立っていれば，　　　　$f(\xi_1, \xi_2)=f(\eta_1, \eta_2)$ 　　　　　　(1・3)

K をしだいに縮小して，点 $\mathrm{P}(p_1, p_2)$ に近づければ，K' はこれに変位 (1・1) をほどこした点 $\mathrm{P}'(p_1', p_2')$ へ近づき，点 (ξ_1, ξ_2) は P へ，点 (η_1, η_2) は P′ へ近づく．

$f(x_1, x_2)$ は連続函数だから，(1・3) により
$$f(p_1, p_2)=f(p_1', p_2')$$
変位 (1・1) を適当にとれば，点 P′ は任意の点になれるから，$f(p_1', p_2')$ はすべての p_1', p_2' について同一となり，$f(x_1, x_2)$ は定数である．つまり，

 (Ⅰ)(Ⅱ)(Ⅲ) を満たす $\mathrm{m}(K)$ で，(1・2) の形のものは $c\int dx_1\,dx_2$
 （c 定数）以外にはない．

今後，直線の測度や位置の測度についても，それが (Ⅰ)(Ⅱ)(Ⅲ) を満たしていることを知った上は，その定数倍の他には (Ⅰ)(Ⅱ)(Ⅲ) を満たすもののないことは，上と同様に証明できるので，いちいち述べないことにする．また測度は正の函数の積分の形で与えられるものを考えるので，(Ⅰ)(Ⅱ) はつねに成り立っていて，結局問題になるのは (Ⅲ) だけである．

面積の公式　閉じた曲線で囲まれた図形 K を，連続的に動く直線で切り，その交わりが線分で，これらの線分は K 内では交わらないとする．いま，その線分を AB, 中点を C とすれば，C の直角座標 (p_1, p_2) はある変数 u の函数である．線分 AB 上に単位ベクトルをとり，その直角成分を (l_1, l_2) とすれば，この線分上の任意の点 P の座標は

$$x_1=p_1+l_1 t, \quad x_2=p_2+l_2 t$$

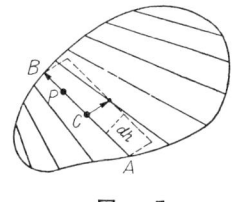

図　7

t は C から P に至る有向線分の長さである．

p_1, p_2, l_1, l_2 はすべて変数 u の C_1 級（連続的微分可能）の函数とし，
$[dp_i, dl_j]=\left[\dfrac{dp_i}{du}du,\ \dfrac{dl_j}{du}du\right]=0$ などとなることに注意して計算すれば

$$[dx_1, dx_2] = [dp_1 + dl_1 t + l_1 dt, \ dp_2 + dl_2 t + l_2 dt]$$
$$= [l_2(dp_1 + dl_1 t), dt] - [l_1(dp_2 + dl_2 t), dt]$$
$$= [l_2 dp_1 - l_1 dp_2, dt] + [l_2 dl_1 - l_1 dl_2, t dt]$$

K の面積を S, 線分 AB の長さを L とすれば,

$$S = \int_K dx_1 \, dx_2 = \int (l_2 dp_1 - l_1 dp_2) \, dt + \int (l_2 dl_1 - l_1 dl_2) t \, dt$$

$\int_{-\frac{L}{2}}^{\frac{L}{2}} dt = L, \ \int_{-\frac{L}{2}}^{\frac{L}{2}} t \, dt = 0$ だから $\quad S = \int L (l_2 dp_1 - l_1 dp_2)$

$l_2 dp_1 - l_1 dp_2$ は, 二つのベクトル $(l_1, l_2), (dp_1, dp_2)$ のベクトル積, つまりこの二つのベクトルに属する有向線分を二辺とする平行四辺形の面積であるが (l_1, l_2) は単位ベクトルだから, 平行四辺形の高さとなる. こうして

$$S = \int L \, dh \tag{1.4}$$

ここに, dh は弦 AB の中点 C の軌跡としてできる線の線素を考え, その AB に垂直な方向への成分をとったものである.

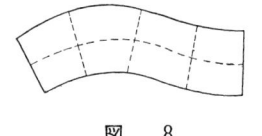

図 8

問 1 直角座標, 極座標における面積の公式は, (1.4) の特別な場合であることを示せ.

問 2 幅が一定な二つの曲線を平行曲線という. 平行曲線と, 二つの幅 AB, CD で囲まれた部分の面積は, その幅に, 幅をきめる共通垂線の中点の軌跡としてできる線の長さをかけたものに等しいことを証明せよ. (平行曲線も, 共通垂線の中点の軌跡も, 同一の曲線の伸開線である).

1.2 直線の測度

平面上では, 直線の方程式は

$$x_1 \cos \theta + x_2 \sin \theta = p \tag{1.5}$$

で表わされる. ここに, θ は原点からこの直線へ向ってひいた垂線と x_1 軸のなす角, p はこの垂線の長さであって, p, θ がきまれば,

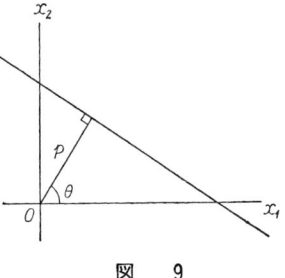

図 9

1・2 直 線 の 測 度

この直線はきまってくる．そこで直線の集まり K があるとき，

$$\mathrm{m}(K)=\int_K dp\,d\theta \tag{1・6}$$

が変位で不変な K の測度であることを証明しよう．それには p.13 で述べたように，(1・6) が，直線の集まり K に変位 (1・1)

$$x_1'=x_1\cos\alpha-x_2\sin\alpha+a_1,\ x_2'=x_1\sin\alpha+x_2\cos\alpha+a_2$$

をほどこしてできる直線の集まり K' に対しても，同一であることをいえばよい．この変位で，(1・5) が

$$x_1'\cos\theta'+x_2'\sin\theta'=p'$$

で表わされる直線に移ったとする．この式に (1・1) を代入して整理すると，

$$x_1\cos(\theta'-\alpha)+x_2\sin(\theta'-\alpha)=p'-a_1\cos\theta'-a_2\sin\theta'$$

これが (1・5) に一致するわけだから，

$$\theta=\theta'-\alpha+2n\pi\ (n\text{ は整数}),\ p=p'-a_1\cos\theta'-a_2\sin\theta'$$

ゆえに

$$[dp,d\theta]=[dp'+(a_1\sin\theta'-a_2\cos\theta')d\theta',d\theta']=[dp',d\theta']$$

つまり，

$$\int_K dp\,d\theta=\int_{K'} dp'\,d\theta'$$

となって，(1・6) は直線の集まりの不変測度である．$[dp,d\theta]$ を直線の不変測度の素片とよんで dG と書くことにする．

次に，任意の点 (x_1,x_2) をとり，これをとおる直線を考えると，(1・5) により，

$$[dp,\,d\theta]=[dx_1\cos\theta+dx_2\sin\theta-x_1\sin\theta\,d\theta+x_2\cos\theta\,d\theta,d\theta]$$

したがって

$$dG=[dp,d\theta]=[dx_1\cos\theta+dx_2\sin\theta,\,d\theta] \tag{1・7}$$

曲線に交わる直線の測度 長さ L の曲線弧 AB を考え，その上の点 P の座標 (x_1,x_2) を，A から P に至る弧の長さ s の函数とみる．x_1 軸から，P での曲線弧の接線のほうへまわる角を λ，P での接線から P をとおる任意の直線のほうへまわる角を φ とすれば

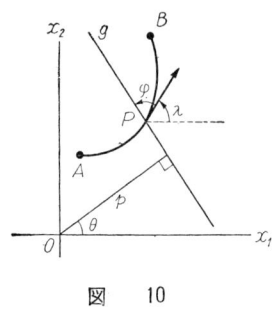

図 10

$$\theta = \lambda + \varphi - \frac{\pi}{2} \tag{1.8}$$

P での接線単位ベクトルの成分は $\left(\dfrac{dx_1}{ds}, \dfrac{dx_2}{ds}\right)$, 原点から P をとおる直線 g へおろした垂線上の単位ベクトルの成分が $(\cos\theta, \sin\theta)$ であるから, それらのスカラー積は $\dfrac{dx_1}{ds}\cos\theta + \dfrac{dx_2}{ds}\sin\theta$ であり, これは

また $\cos\left(\dfrac{\pi}{2} - \varphi\right) = \sin\varphi$ にも等しい. したがって

$$\frac{dx_1}{ds}\cos\theta + \frac{dx_2}{ds}\sin\theta = \sin\varphi \tag{1.9}$$

(1・8) (1・9) を (1・7) に代入して,

$$dG = \sin\varphi\,[ds, d\lambda + d\varphi] = \sin\varphi\left[ds, \frac{d\lambda}{ds}ds + d\varphi\right]$$

したがって

$$\boxed{dG = \sin\varphi\,[ds, d\varphi]} \tag{1.10}$$

この式は応用が広い. そのいくつかを次に述べよう.

(i) 長さ L の曲線弧 AB に交わるすべての直線を考え, これについて $0 \leqq \varphi \leqq \pi$, $0 \leqq s \leqq L$ の範囲で (1・10) を積分すると,

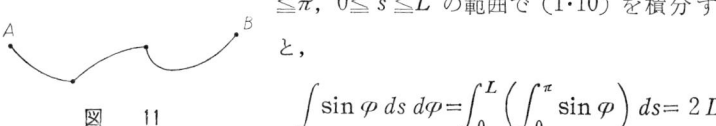

図 11

$$\int \sin\varphi\,ds\,d\varphi = \int_0^L \left(\int_0^\pi \sin\varphi\right)ds = 2L$$

この式は, 曲線弧 AB が, $\dfrac{d\lambda}{ds}$ が存在するような曲線弧をいくつかつなぎ合せたものであっても成り立っている. しかし, この積分は弧 AB に交わるすべての直線の測度になってはいない. それは, 弧 AB と二回以上交わるような直線については, おのおのの交点で一回ずつ数えているからである. そこで, 直線と弧 AB との交点の数を n とすれば,

1·2 直線の測度

$$\int n\, dG = 2L \tag{1·11}$$

と考えられる．とくに曲線弧 AB の両端が一致していて，かつほとんどすべての直線について $n=2$ であって，$n=2$ でないような直線の測度が 0 であるときは，(1·11) は

$$\int dG = L \tag{1·12}$$

となる．このような曲線を凸閉曲線とよぶことにする．楕円，凸多角形などは凸閉曲線である．したがって，p.4 問題 2 で述べた確率は次のようになる．

凸閉曲線 c_1 に交わる直線が，その内部にある凸閉曲線 c_2 にも交わる確率は，c_2, c_1 の周の長さの比である．

次に，凸閉曲線 c に交わる直線の測度を (1·6) から考えてみよう．平行二直線でこの曲線を夾むとき，この二直線の間の距離をこの直線に垂直な方向の幅という．(1·6) によれば $dG=[dp, d\theta]$ であるが，θ を一定にして凸閉曲線 c に交わる直線について $\int dp$ を計算すればこの直線に垂直な方向の幅 $D(\theta)$ が得られる．したがって c に交わるすべての直線の測度は

$$\int dG = \int_0^\pi D(\theta)\, d\theta$$

これを (1·12) とくらべて

$$L = \int_0^\pi D(\theta)\, d\theta$$

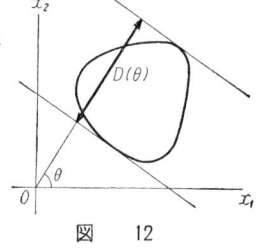

図 12

したがって幅 $D(\theta)$ が一定値 d に等しい曲線（これを定幅曲線という）では

$$L = \pi d$$

したがって，幅の等しい二つの定幅曲線では，周の長さも等しい．円は定幅曲線であるが，定幅曲線はその他にもある．たとえば，正三角形の各頂点を中心として他の二頂点を

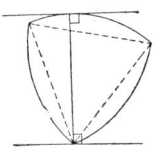

図 13

端とする $\frac{1}{6}$ の円弧を三つ書くと，これをつないだ曲線（これを Reuleaux（リューロー）の三角形という）も定幅曲線である．実は，幅の与えられた定幅曲線のうちでは，囲む面積の最も小さいのがこの曲線なのである．囲む面積の最も大きいものが円であることは，周が一定の図形のうちで面積の最も大きいものは円であるという定理（p.26 で述べる）の特別な場合である．

(ii) (1·10) を変形して

$$dG = -[ds, d(\cos\varphi)] \qquad (1·13)$$

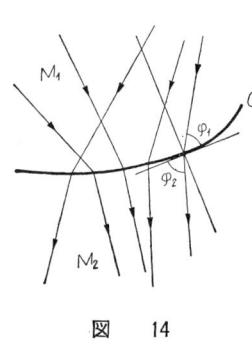

図 14

いま，曲線 C を境として二つの媒質 M_1, M_2 があって，M_1 内の光線が C で屈折して他の媒質 M_2 に入るとき，入射光線が屈折点での C の接線となす角を φ_1，反射光線がこの接線となす角を φ_2 とすれば，屈折の法則によって

$$\frac{\cos\varphi_1}{\cos\varphi_2} = \frac{\sin\left(\frac{\pi}{2}-\varphi_1\right)}{\sin\left(\frac{\pi}{2}-\varphi_2\right)} = \frac{c_1}{c_2}$$

ここに，c_1, c_2 は媒質 M_1, M_2 内での光の速さである．そこで (1·13) を参照すれば，

入射光線の集まりと屈折光線の集まりの測度の比は，両媒質内の光速の比であって，つねに一定である．とくに，反射によっては，測度は変らない．

問 1 周の長さ L の凸閉曲線の中に長さ l の曲線弧があるとき，この曲線弧と少なくも $2L/l$ 個の点で交わる直線があることを証明せよ．

問 2 半径 R の円の中に半径 r の円が n 個あるとき，この円の中の少なくとも nr/R 個と交わる直線があることを証明せよ．

問 3 直線 $u_1x_1+u_2x_2+1=0$ の集まりの測度素片は $dG = \dfrac{[du_1\,du_2]}{(u_1{}^2+u_2{}^2)^{3/2}}$ で与えられることを証明せよ．

1.3 点の対，直線の対

点 X, Y の直角座標をそれぞれ (x_1, x_2), (y_1, y_2) とすると，それらの測度素片 dX, dY は

1·3 点の対,直線の対

$$dX = [dx_1, dx_2] \qquad dY = [dy_1, dy_2]$$

直線 XY に垂直な単位ベクトルの成分を $(\cos\theta, \sin\theta)$ とすれば,XY の方向の単位ベクトルの成分は $(-\sin\theta, \cos\theta)$ である.また,原点から XY へおろした垂線の長さを p とすれば,その足 H の座標は $(p\cos\theta, p\sin\theta)$ である.この足から X, Y に至る有向線分の長さを x, y とすれば,

$$x_1 = p\cos\theta - x\sin\theta, \quad x_2 = p\sin\theta + x\cos\theta$$
$$y_1 = p\cos\theta - y\sin\theta, \quad y_2 = p\sin\theta + y\cos\theta$$

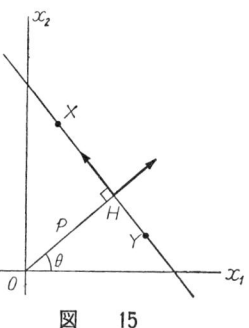

図 15

ゆえに $dX = [dx_1\, dx_2]$

$$= [(dp\cos\theta - dx\sin\theta) - (p\sin\theta + x\cos\theta)\,d\theta,$$
$$(dp\sin\theta + dx\cos\theta) + (p\cos\theta - x\sin\theta)\,d\theta]$$
$$= [dp\cos\theta - dx\sin\theta,\ dp\sin\theta + dx\cos\theta]$$
$$+ [(p\cos\theta - x\sin\theta)(dp\cos\theta - dx\sin\theta)$$
$$+ (p\sin\theta + x\cos\theta)(dp\sin\theta + dx\cos\theta),\, d\theta]$$
$$= [dp, dx] + [p\,dp, d\theta] + [x\,dx, d\theta]$$

同様に

$$dY = [dp, dy] + [p\,dp, d\theta] + [y\,dy, d\theta]$$

したがって,

$$[dX, dY] = (y - x)\,[dx, dy, dp, d\theta]$$

$[dp, d\theta]$ は直線 XY の測度素片だから,これを dG とおけば

$$[dX, dY] = (y - x)\,[dx, dy, dG] \tag{1·14}$$

以上の計算で,直線 XY 上での原点を垂線の足 H にとったが,各直線に対して定まる別の点を原点にとり,このときの X, Y の座標を x', y' とすれば

$$x' = x + c, \quad y' = y + c, \quad c は p, \theta の函数$$

となり,

$$(y' - x')[dx', dy', dp, d\theta] = (y - x)[dx, dy, dp, d\theta].$$

したがって,(1·14) で,x, y は XY 上で任意に定めた点を原点としたときの

20　第1章　ユークリッド平面の積分幾何

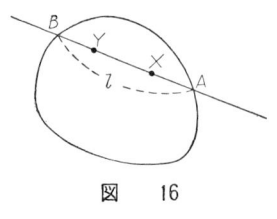

図　16

座標と考えてよい.

そこで凸閉曲線に交わる任意の直線上に二点 X, Y をとり, 交点を A, B, AB=l とし, 直線 XY 上の原点は A にとって考える. X, Y を線分 AB 上で端から端まで動かして, 積分 $\int |y-x|^{k+1} dx dy$ を計算してみると,

$$\int |y-x|^{k+1} dx\, dy = \int_0^l \left(\int_0^l |y-x|^{k+1} dx \right) dy$$
$$= \int_0^l \left(\int_0^y |y-x|^{k+1} dx + \int_y^l |y-x|^{k+1} dx \right) dy$$
$$= \int_0^l \left(\frac{y^{k+2}}{k+2} + \frac{(l-y)^{k+2}}{k+2} \right) dy = \frac{2}{(k+2)(k+3)} l^{k+3}$$

X, Y 間の距離 $|y-x|$ を r とおけば, (1・14) によって

$$\int r^k\, d\mathrm{X}\, d\mathrm{Y} = \int r^{k+1} dx\, dy\, dG = \frac{2}{(k+2)(k+3)} \int l^{k+3} dG \tag{1・15}$$

とくに $k=0$ とおき, この凸閉曲線の囲む面積を S とすれば, $\int d\mathrm{X}=S$, $\int d\mathrm{Y}=S$ だから

$$S^2 = \frac{1}{3} \int l^3\, dG$$

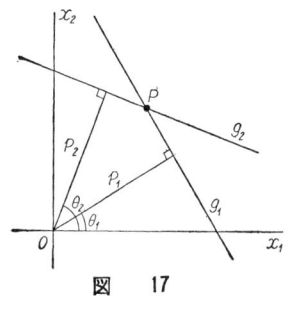

図　17

次に, 二直線 g_1, g_2 の対を考え, その交点を P (x_1, x_2), 原点から g_1, g_2 へおろした垂線が x_1 軸となす角を θ_1, θ_2 とし, g_1, g_2 の測度を dG_1, dG_2 とすれば, (1・7) により,

$$dG_1 = [dx_1 \cos\theta_1 + dx_2 \sin\theta_1, d\theta_1]$$
$$dG_2 = [dx_1 \cos\theta_2 + dx_2 \sin\theta_2, d\theta_2]$$

ゆえに　$[dG_1, dG_2] = [dx_1\cos\theta_1 + dx_2\sin\theta_1, d\theta_1, dx_1\cos\theta_2 + dx_2\sin\theta_2, d\theta_2]$
$= -[[dx_1\cos\theta_1 + dx_2\sin\theta_1, dx_1\cos\theta_2 + dx_2\sin\theta_2], d\theta_1, d\theta_2]$

$$= -\sin(\theta_2 - \theta_1)\,[dx_1, dx_2, d\theta_1, d\theta_2]$$

点 P の測度素片を dP と書けば,

$$[dG_1, dG_2] = -\sin(\theta_2 - \theta_1)\,[dP, d\theta_1, d\theta_2] \qquad (1\cdot 16)$$

そこで, 周が L の凸閉曲線を考え, その囲む面積を S とする. この曲線に交わるあらゆる二直線の対について (1·16) を積分しよう. (1·12) によれば $\int dG_1 = L, \int dG_2 = L$ だから

$$L^2 = \int |\sin(\theta_2 - \theta_1)|\, d\theta_1\, d\theta_2\, dP \qquad (1\cdot 17)$$

P がこの凸曲線の中にあるときと, 外にあるときに分けて考える. 中にあるときは, $\pi \geqq \theta_1 \geqq 0,\ \pi \geqq \theta_2 \geqq 0$ で積分して

$$\int |\sin(\theta_2 - \theta_1)|\, d\theta_1\, d\theta_2$$

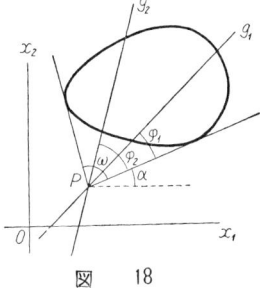

図 18

$$= \int_0^\pi \left(\int_0^{\theta_2} \sin(\theta_2 - \theta_1)\, d\theta_1 + \int_{\theta_2}^\pi -\sin(\theta_2 - \theta_1)\, d\theta_1 \right) d\theta_2 = 2\pi \qquad (1\cdot 18)$$

P が曲線の外にあるとき, P からこれにひいた二接線のなす角を ω, 一方の接線が x_1 軸となす角を α とする. $\dfrac{\pi}{2} + \theta_1 - \alpha = \varphi_1,\ \dfrac{\pi}{2} + \theta_2 - \alpha = \varphi_2$ とおくと α は P の函数だから,

$$[d\theta_1\, d\theta_2\, dP] = [d\varphi_1 + d\alpha,\ d\varphi_2 + d\alpha,\ dx_1, dx_2] = [d\varphi_1, d\varphi_2, dP]$$

かつ, $\omega \geqq \varphi_1 \geqq 0,\ \omega \geqq \varphi_2 \geqq 0$ であるから, この範囲で積分すると,

$$\int |\sin(\varphi_2 - \varphi_1)|\, d\varphi_1\, d\varphi_2 = \int_0^\omega \left(\int_0^{\varphi_2} \sin(\varphi_2 - \varphi_1)\, d\varphi_1 \right.$$
$$\left. + \int_{\varphi_2}^\omega -\sin(\varphi_2 - \varphi_1)\, d\varphi_1 \right) d\varphi_2$$
$$= \int_0^\omega (1 - \cos \varphi_2)\, d\varphi_2 = \omega - \sin \omega \qquad (1\cdot 19)$$

したがって (1·17) (1·18) (1·19) により

$$\boxed{L^2 = 2\pi S + \int (\omega - \sin \omega)\, dP}$$

ここで, 積分は凸閉曲線外のすべての点についておこなうとする.

1.4 位置の測度

平面上で，表向きに合同な図形がいろいろの位置を占めているとき，それらの位置の集まりの測度を考える．このような図形の位置は，これらの図形に固定した単位直交系（一点と，これから出る長さ1で互いに垂直な二つの有向線分）

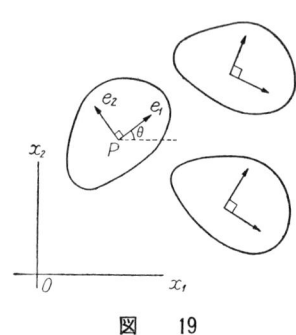

図 19

で定まる．つまり，変位によってこの単位直交系がどこへいくかをきめれば，これによって図形の変位もきまってくる．今後，単位直交系のことを，**直角標構**（または単に標構）とよぶことにする．また，ここで扱う標構は，すべて右手系（第一軸から第二軸のほうへまわる角が $+90°$）とする．

標構は，その原点 $P(x_1, x_2)$ と，第一軸が x_1 軸となす角 θ できまる．そこで図形の位置の集まり K の測度を，これに固定した標構を用いて

$$\mathrm{m}(K) = \int dx_1\, dx_2\, d\theta \tag{1·20}$$

によって定義し，これがいろいろの不変性をもっていることを証明しよう．

（i）変位に対する不変性

変位を $\quad x_1' = x_1 \cos\alpha - x_2 \sin\alpha + a_1, \quad x_2' = x_1 \sin\alpha + x_2 \cos\alpha + a_2$

で与えるとき，点 (x_1, x_2) は (x_1', x_2') へ移るが，このとき

$$[dx_1', dx_2'] = [dx_1, dx_2]$$

また，この変位で x_1 軸と角 θ をなす有向線分が x_1 軸と角 θ' をなす有向線分に移ったとすれば，

$$\theta' = \theta + \alpha \quad \text{ゆえに} \quad d\theta' = d\theta$$

したがって $\quad [dx_1', dx_2', d\theta'] = [dx_1, dx_2, d\theta].$

つまり，標構の集まり K の測度と，これに同一の変位をほどこした標構の集まり K' の測度とは等しい．

1・4 位置の測度

(ii) 選択に対する不変性

図形の位置をきめるのに選んだ標構のとりかたには，もともと何等の制限もあるはずはない．そこで，図形に固定してとる標構を変えても，(1・20) で定義した測度が変らないことを証明しよう．図形に付随した一つの標構を R，その原点を $P(x_1, x_2)$, 第一軸 e_1 が x_1 軸となす角を θ とする．この図形に固定した別の標構 $\bar{R}$ をとり，その頂点を $\bar{P}(\bar{x}_1, \bar{x}_2)$, 第一軸 $\bar{e}_1$ が x_1 軸となす角を $\bar{\theta}$ とする．このとき，$\bar{R}$ の R に対する相対的位置は一定で，$\bar{e}_1, e_1$ のなす角を β とすれば，これも一定であり，かつ

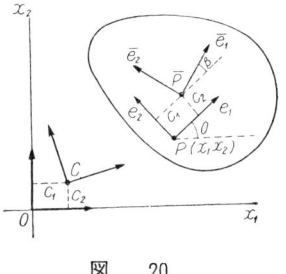

図 20

$$\bar{\theta} = \theta + \beta \quad \text{ゆえに} \quad d\bar{\theta} = d\theta.$$

次に，R を座標軸にとって考えたときの $\bar{P}$ の座標を (c_1, c_2) とすれば，c_1, c_2 は定数である．基本の座標軸の原点 O を点 P に移し，x_1 軸を e_1 へ移す変位

$$X_1' = X_1 \cos\theta - X_2 \sin\theta + x_1, \quad X_2' = X_1 \sin\theta + X_2 \cos\theta + x_2 \tag{1・21}$$

によって，座標 (c_1, c_2) の点 C が，座標 $(\bar{x}_1, \bar{x}_2)$ の点 $\bar{P}$ へ移るのだから，

$$\bar{x}_1 = c_1 \cos\theta - c_2 \sin\theta + x_1, \quad \bar{x}_2 = c_1 \sin\theta + c_2 \cos\theta + x_2$$

ゆえに

$$d\bar{x}_1 = -(c_1 \sin\theta + c_2 \cos\theta)d\theta + dx_1, \quad d\bar{x}_2 = (c_1 \cos\theta - c_2 \sin\theta)d\theta + dx_2$$

したがって

$$[d\bar{x}_1, d\bar{x}_2, d\bar{\theta}] = [dx_1, dx_2, d\theta]$$

つまり，R の集まりの測度と，$\bar{R}$ の集まりの測度は同一となり，(1・20) は図形に付随してとる標構のとりかたには関係しないで，図形の位置にのみ関係する．この意味で位置の測度といえるのである．

(iii) 逆不変性

基本座標軸からみて，原点が $P(x_1, x_2)$, 第一軸 e_1 が x_1 軸となす角が θ であるような標構 R の集まりの測度は (1・20) であるが，逆に R から基本座標軸 R_0 を眺めると，R_0 がいろいろの位置を占めるので，その測度を考えると，

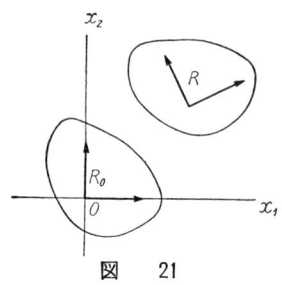

図 21

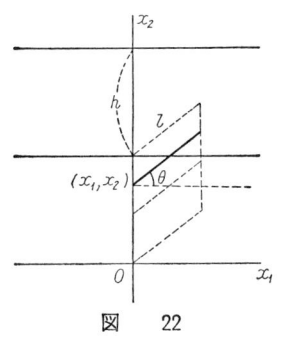

図 22

これが (1·20) に一致する. このことを証明しよう.

基本の座標軸 R_0 から R へ移る変位が (1·21) で与えられるから, R から R_0 へ移る変位は (1·21) を逆に X_1, X_2 について解いた式

$$X_1 = X_1' \cos(-\theta) - X_2' \sin(-\theta)$$
$$\quad - x_1 \cos\theta - x_2 \sin\theta$$
$$X_2 = X_1' \sin(-\theta) + X_2' \cos(-\theta)$$
$$\quad - x_1 \sin\theta + x_2 \cos\theta \quad (1·22)$$

で与えられる. R から眺めたときの R_0 の頂点の座標を (ξ_1, ξ_2), R_0 の x_1 軸が R の第一軸 e_1 となす角を φ とすれば, (1·21)(1·22) の比較から

$$\xi_1 = -x_1 \cos\theta - x_2 \sin\theta,$$
$$\xi_2 = -x_1 \sin\theta + x_2 \cos\theta, \quad \varphi = -\theta.$$

したがって

$$[d\xi_1, d\xi_2, d\varphi] = -[dx_1, dx_2, d\theta]$$

測度は正のものばかり考えるのだから, これで逆不変性が証明された.

問 平面上に間隔 h で平行線がひかれているとき, この平面上へ落した長さ $l\,(<h)$ の針が, この平行線と交わる確率は $2l/\pi h$ であることを示せ. (p.5 参照. 針の位置は上下左右, 長さについて対等だから, 図 22 の $x_1 = 0$, $0 \leq x_2 < h$, $0 \leq \theta < \dfrac{\pi}{2}$ の部分について考えればよい).

1.5 Poincaré の式, 等周問題

二つの曲線弧 c_0, c_1 があって, その一方の c_0 が固定し他方の c_1 が動くとし, c_0 に交わる c_1 のすべての位置を考えてみる. c_0 上の点の座標 (x_1, x_2) は, c_0 の一端からこれに至る弧の長さ s の関数として,

$$x_1 = x_1(s), \qquad x_2 = x_2(s) \quad (1·23)$$

つぎに, c_1 の一つの位置に対して, その上の点の座標 (X_1, X_2) は c_1 の一端

1・5 Poincaré の式，等周問題

からの弧の長さ σ を用いて，
$$X_1 = X_1(\sigma), \quad X_2 = X_2(\sigma). \tag{1・24}$$
次に，変位 $x_1' = x_1\cos\theta - x_2\sin\theta + \xi_1,$
$$x_2' = x_1\sin\theta + x_2\cos\theta + \xi_2 \tag{1・25}$$
によって，頂点 $(0, 0)$，第一軸が x_1 軸の標構は頂点 (ξ_1, ξ_2)，第一軸が x_1 軸と角 θ をなす標構 R に移る．この R の集まりの測度素片を dK とすれば，

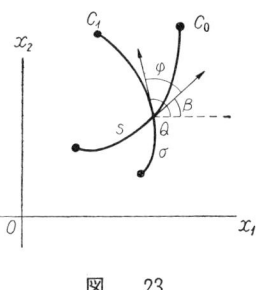

図　　23

$$dK = [d\xi_1, d\xi_2, d\theta]$$

さて，(1・24) の表わす曲線に変位 (1・25) をほどこしてできる曲線 c_1 と，(1・23) の表わす曲線 c_0 とを考え，その交点 Q に対する s, σ を，やはりこのまま書くことにすれば，

$$x_1(s) = \xi_1 + X_1(\sigma)\cos\theta - X_2(\sigma)\sin\theta, \quad x_2(s) = \xi_2 + X_1(\sigma)\sin\theta + X_2(\sigma)\cos\theta$$

ゆえに

$$d\xi_1 = \frac{dx_1}{ds}ds - \left(\frac{dX_1}{d\sigma}\cos\theta - \frac{dX_2}{d\sigma}\sin\theta\right)d\sigma + (X_1\sin\theta + X_2\cos\theta)d\theta$$

$$d\xi_2 = \frac{dx_2}{ds}ds - \left(\frac{dX_1}{d\sigma}\sin\theta + \frac{dX_2}{d\sigma}\cos\theta\right)d\sigma - (X_1\cos\theta - X_2\sin\theta)d\theta$$

となり，

$$[d\xi_1, d\xi_2, d\theta] = \left(\left(\frac{dX_1}{d\sigma}\frac{dx_2}{ds} - \frac{dX_2}{d\sigma}\frac{dx_1}{ds}\right)\cos\theta\right.$$
$$\left. - \left(\frac{dX_1}{d\sigma}\frac{dx_1}{ds} + \frac{dX_2}{d\sigma}\frac{dx_2}{ds}\right)\sin\theta\right)[ds, d\sigma, d\theta]$$

$\left(\dfrac{dx_1}{ds}, \dfrac{dx_2}{ds}\right)$ は点 Q での c_0 の接線単位ベクトルの成分だから，これが x_1 軸となす角を β とすれば，

$$\frac{dx_1}{ds} = \cos\beta, \quad \frac{dx_2}{ds} = \sin\beta$$

同様に，Q での c_1 の接線が x_1 軸となす角を $\gamma + \theta$ とすれば，c_1 に固定した x_1 軸となす角は γ だから

$$\frac{dX_1}{d\sigma}=\cos\gamma,\quad \frac{dX_2}{d\sigma}=\sin\gamma$$

ゆえに

$$\frac{dX_1}{d\sigma}\frac{dx_2}{ds}-\frac{dX_2}{d\sigma}\frac{dx_1}{ds}=\sin(\beta-\gamma),\quad \frac{dX_1}{d\sigma}\frac{dx_1}{ds}+\frac{dX_2}{d\sigma}\frac{dx_2}{ds}=\cos(\beta-\gamma)$$

したがって

$$[d\xi_1, d\xi_2, d\theta]=\sin(\beta-\gamma-\theta)\,[ds, d\sigma, d\theta]$$

$\varphi=\beta-\gamma-\theta$ とおけば，$\gamma=\gamma(\sigma)$，$\beta=\beta(s)$ であることから，

$$dK=[d\xi_1, d\xi_2, d\theta]=-\sin\varphi\,[ds, d\sigma, d\varphi] \tag{1・26}$$

そこで c_0, c_1 の長さをそれぞれ L_0, L_1 とし，$0\leqq s\leqq L_0$，$0\leqq \sigma\leqq L_1$，$0\leqq\varphi\leqq 2\pi$ の範囲でこれを積分する（ただし，測度は負は考えない）．まず

$$\int_0^{2\pi}|\sin\varphi|\,d\varphi=4$$

したがって (1・26) の右辺を積分したものは $4L_0L_1$ になる．これは，c_0, c_1 の交点のまわりに c_1 をまわして考えたのだから，c_0, c_1 の交点が二つ以上あるときは，その各交点で考えているわけである．そこで交点の数を n とすれば

$$\int n\,dK = 4L_0L_1 \tag{1・27}$$

これが Poincaré の式である．とくに，c_1 が半径 r の円ならば，

$$\int n\,dK=\int n\,d\xi_1\,d\xi_2\,d\theta=2\pi\int n\,d\xi_1\,d\xi_2$$

であるから (1・27) は

$$\int n\,d\xi_1\,d\xi_2=4rL_0 \tag{1・28}$$

となる．これを用いて，有名な等周問題

'周の一定な閉曲線の中で，その囲む面積の最も大きいものは円である'ことを証明しよう．この場合，曲線が凸閉曲線の場合に証明すれば十分である．それは，凸でない閉曲線 c' を囲む最小の凸閉曲線を c とすれば，c の周は c' の周より

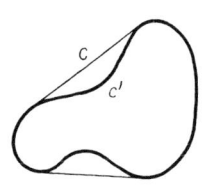

図　　24

1·5 Poincaré の式, 等周問題

小さく, 囲む面積は c のほうが大きいからである.

まず凸閉曲線 c をとり, その周を L, 囲む面積を S とする. 曲線 c 内にあって半径の最も大きい円を考えてその半径を ρ_1, 曲線 c をふくむ円の中で最も小さいものを考えてその半径を ρ_2 とする.

このような円のあることは, 次のようにしてわかる. c 内にあって一定の半径 r をもつ円の中心の軌跡の集合を $M(r)$ とすれば, $M(r)$ の中の任意の二点 A, B を結ぶ線分上の点はすべて $M(r)$ に属するから, $M(r)$ は凸図形である. さらに $r<r'$ なら $M(r) \supset M(r')$ であるから, r をしだいに大きくしていけば, $M(r)$ は遂には一点または一線分になる. このときの円は c 内にあって最大である. c をふくむ最小の円のほうも同様である.

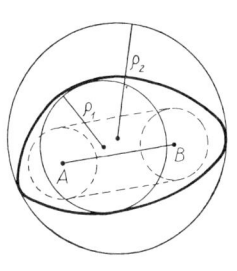

図 25

そこで
$$\rho_1 \leq r \leq \rho_2$$
なる r をとり, c に交わる半径 r の円の全体を考える. その中心を $P(\xi_1, \xi_2)$ とすれば, P の軌跡は c の内部と, c の外にあって c の周からの距離が r より大きくないような点の全体であって, その部分の面積は

$$\int d\xi_1 d\xi_2 = S + Lr + \pi r^2 \tag{1·29}$$

である. このことは, c が凸多角形のときは右の図から明らかであるが, C が一般の凸閉曲線のときは, 凸多角形で近似して極限へいけばよい.

ところが (1·28) によれば,

$$\int n d\xi_1 d\xi_2 = 4rL \tag{1·30}$$

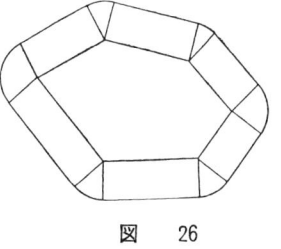

図 26

そこで c との共有点の個数が 2, 4, 6, 8, …… 個であるような半径 r の円の中心の軌跡の占める面積をそれぞれ $F_2, F_4, F_6, \ldots$ とする. 交点の数が奇数個または ∞ の円の中心の軌跡は測度 0 であるから, (1·29) (1·30) より

$$S+rL+\pi r^2 = F_2+F_4+F_6+\cdots\cdots$$
$$4rL = 2F_2+4F_4+6F_6+\cdots\cdots$$

ゆえに
$$rL-S-\pi r^2 = F_4+2F_6+3F_8+\cdots\cdots$$

したがって
$$rL-S-\pi r^2 \geqq 0$$

これはまた
$$L^2-4\pi S \geqq (L-2\pi r)^2$$

と変形される．とくに $r=\rho_1, \rho_2$ とすれば
$$L^2-4\pi S \geqq (L-2\pi\rho_1)^2, \quad L^2-4\pi S \geqq (L-2\pi\rho_2)^2$$

これらを加えて2で割り，一般の関係式 $\dfrac{1}{2}(a^2+b^2) \geqq \left(\dfrac{a-b}{2}\right)^2$ を用いて

$$\boxed{L^2-4\pi S \geqq \pi^2(\rho_2-\rho_1)^2}$$

したがって，つねに
$$L^2 \geqq 4\pi S$$

で等号の成り立つのは，$\rho_1=\rho_2$，つまり c が円のときに限る．

したがって，L が与えられたとき，S の最大値は $L^2/4\pi$ で，そうなるのは円の場合に限る．このようにして等周問題が証明された．

等周問題は既に1世紀まえに Steiner（シュタイナー）によってきわめて簡単に証明されたが，その証明では，周が一定の凸閉曲線の中で面積が最大になるものがあることを証明なしで用いていたのである．厳密な証明はその後長く得られなかったが，今世紀に至っていろいろの証明法が得られた．上に述べたのは 1935 年に，L. A. Santaló（サンタロー）の発表したものである．

1.6 積分幾何の主公式

二つの凸閉曲線 c_0, c_1 があって，その周の長さを L_0, L_1 とし，囲む凸領域を K_0, K_1，その面積を S_0, S_1 とする．このとき，K_0 が固定して K_1 が動くとすると，K_0 と共通点をもつ K_1 のあらゆる位置の測度は，

$$\boxed{\int dK_1 = 2\pi(S_0+S_1)+L_0 L_1} \qquad (1\cdot31)$$

で与えられることを証明しよう．

1·6 積分幾何の主公式

まず，K_0, K_1 の共通部分を考え，その周 c 上を一周するときの進行方向の変化をしらべる．つまり，接線のひける所では，これが x_1 軸となす角を μ とし，角（かど）のある所では，そこをとおってはじめの進行方向からあとの方向へまわる間のすべての方向を考え，これらが x_1 軸となす角を μ にとる．そうす

図　27

れば，K_0, K_1 の共通部分の周 c 上の任意の点の座標は μ の函数と考えられる．そこで，K_1 のあらゆる位置について，これと c 上の点に対応する μ の値とを合せたものを考えて，

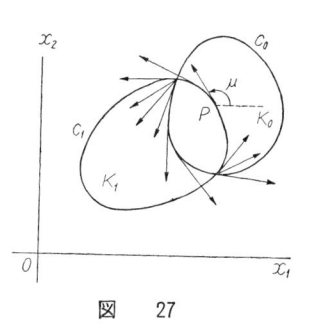

$$J = \int d\mu \, dK_1$$

を，考え得るすべての範囲について，二通りの方法で計算してみよう．まず，K_1 の位置を固定して μ で積分すれば，$\int d\mu = 2\pi$ であるから

$$J = 2\pi \int dK_1 \tag{1·32}$$

他方，K_1, K_2 の共通部分の周 c 上の点 P に着目して考えると，次の三つの場合が考えられる．

（ⅰ）　P が K_0 の内部にあるとき
（ⅱ）　P が K_1 の内部にあるとき
（ⅲ）　P が K_0, K_1 の周 c_0, c_1 の交点であるとき

（ⅰ）の積分を J_1 とし，c_1 上の一定点で c_1 に固定した方向を勝手に一つ定め，これが x_1 軸となす角を α とすれば，これは c_1 の位置の函数である．$\mu - \alpha = \lambda$ とおけば，λ は c_1 の位置には関係しないで，c_1 上での P の位置にのみ関係する数である．そして

$$J_1 = \int d\mu \, dK_1 = \int d\lambda \, dK_1$$

そこでまず P を c_1 上で固定し，P を原点として c_1 に固定した標構を考え，P が K_0 内にあるようなあらゆる位置について $\int dK_1$ を計算すれば

$$\int dK_1 = \int dx_1 \, dx_2 \, d\theta = \int dx_1 \, dx_2 \cdot \int d\theta = S_0 \cdot 2\pi$$

ゆえに
$$J_1 = 2\pi S_0 \int d\lambda$$
となるが，P を c_1 上で一周させるとき，$\int d\lambda$ は進行方向の変化の総和だから 2π である．ゆえに
$$J_1 = (2\pi)^2 S_0 \tag{1.33}$$
(ii) の積分を J_2 とすると，位置の測度の逆不変性により，dK_1 は K_1 を固定してこれから K_0 を見たときの位置の測度 dK_0 に等しい．したがって (i) と同様にして
$$J_2 = (2\pi)^2 S_1 \tag{1.34}$$
(iii) については，まず P を固定して $\int d\mu$ を考えると，P での交角になる．この角を φ とすると，
$$J_3 = \int \sum |\varphi|\, dK_1$$
ここに和 $\sum$ は各交点での交角の和を示すものとする．c_0, c_1 上で，それぞれ定まった点から交点 P までの弧長を s_0, s_1 とすれば，(1.26) により
$$dK_1 = -\sin\varphi\, [ds_0, ds_1, d\varphi]$$
そこでまず φ で積分して
$$\int_{-\pi}^{\pi} |\varphi|\cdot|\sin\varphi|\, d\varphi = 2\int_0^{\pi} \varphi \sin\varphi\, d\varphi = 2\pi$$
したがって
$$J_3 = 2\pi \int ds_0\, ds_1 = 2\pi L_0 L_1 \tag{1.35}$$

$J = J_1 + J_2 + J_3$ だから (1.32)(1.33)(1.34)(1.35) によって (1.31) が得られる．

(1.31) は c_0, c_1 が凸でないときにも拡張されるが，一般の場合には第 3 章 3.5 で述べる．このような式を積分幾何の主公式という．

問 凸領域 K_1 が長さ l の線分から h 以下の距離にあるような点の全体からなるもののとき，(1.31) はどうなるか．また，$l \to \infty$，$h \to 0$ とするとどんな結果が得られるか．

第 2 章　動標構の方法と測度

2.1　相 対 成 分

　ユークリッド平面上で，点 P を頂点とし，垂直な単位ベクトル e_1, e_2 を基本ベクトルとする単位直交系 $R=(P, e_1, e_2)$ を直角標構（または単に標構）とよぶことはすでに述べた．このとき

$$(e_1, e_1)=1, \quad (e_2, e_2)=1, \quad (e_1, e_2)=0 \quad (2\cdot1)$$

今後は右手系（e_1 から e_2 へまわる角が $+90°$ のもの）のみ考えることにする．また，基本の標構 $R_0=(P^{(0)}, e_1^{(0)}, e_2^{(0)})$ に対し，P の位置を定める座標ベクトルも P で表わすことにする．

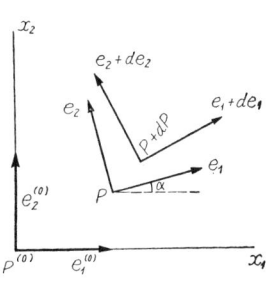

　標構 $R=(P, e_1, e_2)$ の集まりがあって，P, e_1, e_2 は 1 個または 2 個または 3 個の変数の微分可能な函数ベクトルとする．このとき，e_1, e_2 の微分 de_1, de_2 を e_1, e_2 の方向へ分解して

$$de_1 = \omega_{11} e_1 + \omega_{12} e_2, \quad de_2 = \omega_{21} e_1 + \omega_{22} e_2 \quad (2\cdot2)$$

図 28

とおくと，$(2\cdot1)$ により　　$0 = d(e_1, e_2) = (de_1, e_2) + (e_1, de_2)$
ところが $(2\cdot2)$ によって

$$(de_1, e_2) = (\omega_{11} e_1 + \omega_{12} e_2, e_2) = \omega_{12}, \quad (e_1, de_2) = (e_1, \omega_{21} e_1 + \omega_{22} e_2) = \omega_{21}$$

ゆえに　　　　　　　　　　　　$\omega_{12} + \omega_{21} = 0$
同様に　　　$d(e_1, e_1) = 0, \; d(e_2, e_2) = 0$ より　　$\omega_{11} = 0, \; \omega_{22} = 0$.
そこで，dP も e_1, e_2 の方向に分解したものを考えると，結局

$$dP = \omega_1 e_1 + \omega_2 e_2, \quad de_1 = \omega_{12} e_2, \quad de_2 = -\omega_{12} e_1 \quad (2\cdot3)$$

$\omega_1, \omega_2, \omega_{12}$ は標構 $R=(P, e_1, e_2)$ の微小変化を，その瞬間の標構から見たときの成分で，これらを**相対成分**という．

　基本の標構 $R_0=(P^{(0)}, e_1^{(0)}, e_2^{(0)})$ に対し，P の座標を (x_1, x_2)，e_1, e_2 の成分を$(\cos\alpha, \sin\alpha), (-\sin\alpha, \cos\alpha)$ とすれば，$(2\cdot3)$ より

$$\omega_1=(d\mathrm{P}, e_1)=dx_1\cos\alpha+dx_2\sin\alpha \tag{2・4}$$
$$\omega_2=(d\mathrm{P}, e_2)=-dx_1\sin\alpha+dx_2\cos\alpha \tag{2・5}$$
$$\omega_{12}=(de_1, e_2)=d(\cos\alpha)(-\sin\alpha)+d(\sin\alpha)\cos\alpha=d\alpha \tag{2・6}$$

二つの標構 R_1, R_2 に同一の変位 C をほどこしてできる標構を R_1', R_2' とするとき，R_2 の R_1 に対する相対的の位置は，R_2' の R_1' に対する相対的位置と同じである．したがって，標構 R の集まりに同一の変位をほどこしてできる標構 R′ の集まりを考えると，R に関する相対成分は R′ に関する相対成分と同一である．したがって

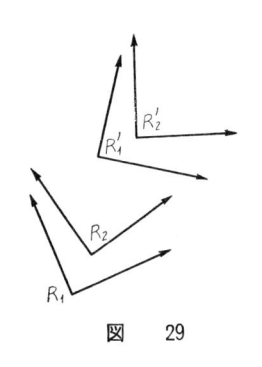

> 相対成分は変位によって変らない

のである．

　点の測度，直線の測度，位置の測度は，これらの図形に付随してとった標構の相対成分で表わすことができる．これを示そう．

図　29

点の測度　いま，各点 P に対し，これを原点とする標構 $R=(P, e_1, e_2)$ をとり，その微小相対変化の式を (2・3) とする．そこで，R の代りに，これを P のまわりに角 θ だけまわした標構を $\bar{R}=(P, \bar{e}_1, \bar{e}_2)$ とすれば，

$$\bar{e}_1=e_1\cos\theta+e_2\sin\theta, \quad \bar{e}_2=-e_1\sin\theta+e_2\cos\theta \tag{2・7}$$

この $\bar{R}$ の相対変化を

$$d\mathrm{P}=\bar{\omega}_1\bar{e}_1+\bar{\omega}_2\bar{e}_2, \quad d\bar{e}_1=\bar{\omega}_{12}\bar{e}_2, \quad d\bar{e}_2=-\bar{\omega}_{12}\bar{e}_1 \tag{2・8}$$

で表わせば，(2・7) を (2・8) に代入して

$$d\mathrm{P}=(\bar{\omega}_1\cos\theta-\bar{\omega}_2\sin\theta)e_1+(\bar{\omega}_1\sin\theta+\bar{\omega}_2\cos\theta)e_2$$

また
$$d\bar{e}_1=de_1\cos\theta+de_2\sin\theta+e_1d(\cos\theta)+e_2d(\sin\theta)$$
$$=\omega_{12}e_2\cos\theta-\omega_{12}e_1\sin\theta+(-e_1\sin\theta+e_2\cos\theta)d\theta=(\omega_{12}+d\theta)\bar{e}_2$$

これらをそれぞれ (2・3) (2・8) とくらべて

$$\left.\begin{array}{l}\omega_1=\bar{\omega}_1\cos\theta-\bar{\omega}_2\sin\theta\\ \omega_2=\bar{\omega}_1\sin\theta+\bar{\omega}_2\cos\theta\end{array}\right\} \tag{2・9}$$

2.1 相対成分

$$\bar{\omega}_{12} = \omega_{12} + d\theta \tag{2.10}$$

つまり各点 P にこれを原点とする標構 R を対応させて考えると，相対成分 $\omega_1, \omega_2, \omega_{12}$ がきまるが，P を原点とする別の標構 $\bar{\mathrm{R}}$ をとると，その相対成分は (2.9)(2.10) によって定まる．このように，相対成分そのものは点の集まりに固有のものではないが，その中で，ω_1, ω_2 は標構の変換 $\mathrm{R} \to \bar{\mathrm{R}}$ で一次変換 (2.9) をうける．この ω_1, ω_2 を点の**主相対成分**という．また (2.9) によって

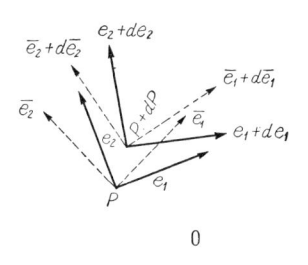

$$[\omega_1, \omega_2] = [\bar{\omega}_1, \bar{\omega}_2]$$

つまり, $[\omega_1, \omega_2]$ は点 P の集まりによって定まるものであって，P を原点とする標構のとりかたには関係しない．これが点集合の測度素片である．実際，(2.4)(2.5) によれば，

$$[\omega_1, \omega_2] = [dx_1, dx_2] \tag{2.11}$$

相対成分 ω_1, ω_2 は変位によって不変だから，$[\omega_1, \omega_2]$ もそうである．

直線の測度 直線の集まりがあるとき，各直線 l 上に定まった点 P をとり，P を原点とし，l 上に e_1 をおく直角標構をとり，このような標構が集まりが，直線を定める変数について微分可能であるようにしておく．その微小相対変化を (2.3) とし，つぎに標構 $\mathrm{R} = (\mathrm{P}, e_1, e_2)$ を直線 l に沿って平行移動し，P が $\bar{\mathrm{P}}$ へ移ったとすれば，

$$\bar{\mathrm{P}} = \mathrm{P} + t\, e_1 \tag{2.12}$$

そこで，この新しい標構 $\bar{\mathrm{R}} = (\bar{\mathrm{P}}, e_1, e_2)$ の集まりに対して

$$d\bar{\mathrm{P}} = \bar{\omega}_1 e_1 + \bar{\omega}_2 e_2, \quad de_1 = \bar{\omega}_{12} e_2, \quad de_2 = -\bar{\omega}_{12} e_1 \tag{2.13}$$

とおけば，(2.12)(2.3) により，

$$d\bar{\mathrm{P}} = d\mathrm{P} + t\, de_1 + dt \cdot e_1 = \omega_1 e_1 + \omega_2 e_2 + t\omega_{12} e_2 + dt \cdot e_1$$
$$= (\omega_1 + dt) e_1 + (\omega_2 + t\omega_{12}) e_2$$

ゆえに (2.13) との比較から

$$\bar{\omega}_1=\omega_1+dt, \quad \bar{\omega}_2=\omega_2+t\omega_{12} \Big\} \quad (2\cdot14)$$

さらにまた $\bar{\omega}_{12}=\omega_{12}$

ω_2, ω_{12} は標構の変換 $R \to \bar{R}$ によって一次変換をうける．この ω_2, ω_{12} を直線の主相対成分という（2·14）から

$$[\bar{\omega}_2, \bar{\omega}_{12}]=[\omega_2, \omega_{12}]$$

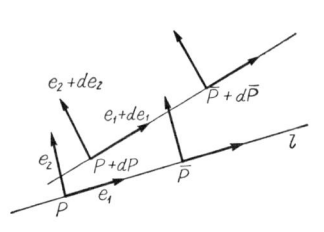

図 31

したがって，$[\omega_2, \omega_{12}]$ は標構のとりかたに関係なく，直線の集まりに固有のものであり，また相対成分は変位によって変らないから，$[\omega_2, \omega_{12}]$ も変位によって変らない．ゆえにこれは直線の集まりの不変測度の素片である．このことは次のようにしてもわかる．直線の方程式を

$$x_1\cos\theta+x_2\sin\theta=p$$

とすると，P はその上の点 (x_1, x_2), $e_1=(\sin\theta,-\cos\theta)$, $e_2=(\cos\theta, \sin\theta)$ だから

$$p=(P, e_2) \quad \text{ゆえに} \quad dp=(dP, e_2)+(P, de_2)$$

(2·5) により $\quad dp=\omega_2-(P, e_1)d\theta$

また，$\quad \omega_{12}=(de_1, e_2)=d(\sin\theta)\cos\theta+d(-\cos\theta)\sin\theta=d\theta$

したがって $\quad \boxed{[\omega_2, \omega_{12}]=[dp, d\theta]} \quad$ (p.15 参照) $\quad (2\cdot15)$

位置の測度 $P(x_1, x_2)$ を原点とし，$e_1=(\cos\theta, \sin\theta)$ の標構 $R(P, e_1, e_2)$ の集まりの測度素片 $[dx_1\,dx_2\,d\theta]$ が，相対成分を用いれば

$$\boxed{[\omega_1\,\omega_2\,\omega_{12}]} \quad (2\cdot16)$$

と表わされることは，(2·6) (2·11) によってわかる．しかし，位置の測度の諸種の不変性を (2·16) について直接証明することもできる，これは一般の場合について後に 3·3 で取扱うことにしよう．

2·2 球面上の積分幾何

ユークリッド空間で，半径 1 の球面を考え，その上の点，大円，図形の位置などの集まりについて，その測度を求めよう．球面上の点 P で互に垂直な単

2・2 球面上の積分幾何

位の長さの二つの接線ベクトル e_1, e_2 をとり, (P, e_1, e_2) をこの球面上の標構とする. 球面上の図形の変位は球の中心のまわりの回転で生ずるから, e_1, e_2 の始点を球の中心にとり, 球の中心 O から点 P に至るベクトルをも P と書けば, 三つのベクトル (P, e_1, e_2) は球面上の変位によって正規直交変換をうける. つまり, 標構 R=(P, e_1, e_2) に変位をほどこしたものを $\bar{\mathrm{R}}=(\bar{\mathrm{P}}, \bar{e}_1, \bar{e}_2)$ とし, 便宜上 P=e_0, $\bar{\mathrm{P}}=\bar{e}_0$ と書けば

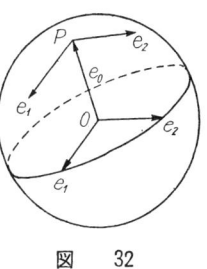

図 32

$$\bar{e}_i = \sum_{j=0}^{2} p_{ij} e_j, \quad (p_{ij}) \text{ は正規直交行列} \quad (i,j=0,1,2)$$

となる. そこで, 標構 R=(P_0, e_1, e_2) の集まりがあって, それをきめる変数について e_0, e_1, e_2 が微分可能とし, その相対微小変化を

$$de_i = \sum_{j=0}^{2} \omega_{ij} e_j \quad (i=0,1,2) \tag{2.17}$$

とする. e_0, e_1, e_2 が単位直交系であることから $(e_i, e_j) = \delta_{ij} = \begin{cases} 1 & (i=j) \\ 0 & (i \neq j) \end{cases}$
したがって相対成分 ω_{ij} は (2・17) により

$$\omega_{ij} = (de_i, e_j) \tag{2.18}$$

ゆえに $d(e_i, e_j) = 0$ により

$$\omega_{ij} + \omega_{ji} = 0 \quad \text{とくに} \quad \omega_{ii} = 0 \tag{2.19}$$

したがって, ふたたび e_0 を P と書き, $\omega_{01} = \omega_1, \omega_{02} = \omega_2$ と書けば

$$d\mathrm{P} = \omega_1 e_1 + \omega_2 e_2, \quad de_1 = -\omega_1 \mathrm{P} + \omega_{12} e_2, \quad de_2 = -\omega_2 \mathrm{P} - \omega_{12} e_1 \tag{2.20}$$

点の測度 点 P のまわりに標構 R=(P, e_1, e_2) を角 θ だけまわしたものを $\bar{\mathrm{R}} = (\mathrm{P}, \bar{e}_1, \bar{e}_2)$ とし, この標構に関する相対成分を $\bar{\omega}_1, \bar{\omega}_2, \bar{\omega}_{12}$ とすると

$$\bar{e}_1 = e_1 \cos\theta + e_2 \sin\theta, \quad \bar{e}_2 = -e_1 \sin\theta + e_2 \cos\theta$$

だから
$$\left.\begin{array}{l} \bar{\omega}_1 = (d\mathrm{P}, \bar{e}_1) = (d\mathrm{P}, e_1 \cos\theta + e_2 \sin\theta) = \omega_1 \cos\theta + \omega_2 \sin\theta \\ \bar{\omega}_2 = (d\mathrm{P}, \bar{e}_2) = (d\mathrm{P}, -e_1 \sin\theta + e_2 \cos\theta) = -\omega_1 \sin\theta + \omega_2 \cos\theta \\ \bar{\omega}_{12} = \omega_{12} + d\theta \end{array}\right\} \tag{2.21}$$

ω_1, ω_2 は標構の変換 R→$\bar{\mathrm{R}}$ で一次変換をうける. これを点の主相対成分という.

$$[\bar{\omega}_1, \bar{\omega}_2] = [\omega_1, \omega_2] \tag{2.22}$$

であるから，これは点の不変測度の素片である．これを球の中心を原点にとったときの P の直角座標 (x_0, x_1, x_2) で表わしてみよう．$e_i = (p_{i1}, p_{i2}, p_{i3})$ $(i=1, 2)$ とおき，$x_j = p_{0j}$ $(j = 0, 1, 2)$ とおけば，(p_{ij}) は3次の正規直交行列である．したがって

$$[\omega_1, \omega_2] = [(dP, e_1), (dP, e_2)] = [\sum_{i=0}^{2} p_{1i} dx_i, \sum_{j=0}^{2} p_{2j} dx_j]$$

$$= (p_{11} p_{22} - p_{12} p_{21})[dx_1, dx_2] + (p_{12} p_{20} - p_{10} p_{22})[dx_2, dx_0]$$
$$+ (p_{10} p_{21} - p_{11} p_{20})[dx_0, dx_1]$$

となり，$[\omega_1, \omega_2] = x_0 [dx_1, dx_2] + x_1 [dx_2, dx_0] + x_2 [dx_0, dx_1]$

とくに，$x_0 = 1$, $x_1 = 0$, $x_2 = 0$ にとれば $[\omega_1, \omega_2] = [dx_1, dx_2]$

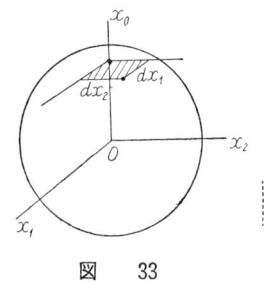

これは，$[\omega_1, \omega_2]$ が点 $(1, 0, 0)$ での球面積の素片であることを示している．ところが，$[\omega_1, \omega_2]$ は変位で不変だから，任意の点でそうである．したがって球面上の面積素片は

$$dS = x_0 [dx_1, dx_2] + x_1 [dx_2, dx_0] + x_2 [dx_0, dx_1] \tag{2.23}$$

で与えられる．

図 33

つぎに (2.21) により

$$\bar{\omega}_1{}^2 + \bar{\omega}_2{}^2 = \omega_1{}^2 + \omega_2{}^2 \tag{2.24}$$

であるから，$\omega_1{}^2 + \omega_2{}^2$ は点 P の集まりで定まる量であるが，これは P と $P + dP$ の距離の平方，つまり球面の線素 ds の平方である．

大円の測度 大円の集まりを考え，各大円上に一点 P, P で大円に接する単位ベクトル e_1 をとって標構 $R = (P, e_1, e_2)$ をつくり，その相対微小変化を(2.20)とする．いま，中心をとおって e_2 の方向の直線を軸として R を角 t だけまわしたものを $\bar{R} = (\bar{P}, \bar{e}_1, \bar{e}_2)$ とすれば，$\bar{P}$ はやはり大円上にあり，$\bar{e}_1$ は接線であって $\bar{P} = P \cos t + e_1 \sin t$, $\bar{e}_1 = -P \sin t + e_1 \cos t$, $\bar{e}_2 = e_2$

したがって

2·2 球面上の積分幾何

$$d\bar{P}=dP\cos t+de_1\sin t+(-P\sin t+e_1\cos t)\,dt$$
$$=(\omega_1 e_1+\omega_2 e_2)\cos t+(-\omega_1 P+\omega_{12}e_2)\sin t+(-P\sin t+e_1\cos t)\,dt$$
$$=(\omega_1+dt)(-P\sin t+e_1\cos t)+(\omega_2\cos t+\omega_{12}\sin t)e_2$$
$$=(\omega_1+dt)\bar{e}_1+(\omega_2\cos t+\omega_{12}\sin t)\bar{e}_2$$
$$d\bar{e}_2=de_2=-\omega_2 P-\omega_{12}e_2=-\omega_2(\bar{P}\cos t-\bar{e}_1\sin t)-\omega_{12}(\bar{P}\sin t+\bar{e}_1\cos t)$$
$$=-(\omega_2\cos t+\omega_{12}\sin t)\bar{P}-(-\omega_2\sin t+\omega_{12}\cos t)\bar{e}_1$$

そこで $\bar{R}=(\bar{P},\bar{e}_1,\bar{e}_2)$ の相対成分を $\bar{\omega}_1,\bar{\omega}_2,\bar{\omega}_{12}$ とおけば

$$\bar{\omega}_1=\omega_1+dt,\quad \bar{\omega}_2=\omega_2\cos t+\omega_{12}\sin t,\quad \bar{\omega}_{12}=-\omega_2\sin t+\omega_{12}\cos t \qquad (2\cdot25)$$

ゆえに, ω_2,ω_{12} が大円の集まりの主相対成分であり, また

$$[\bar{\omega}_{12},\bar{\omega}_2]=[\omega_{12},\omega_2]$$

となるから, これがその不変測度である. これは球面の中心で大円の面に垂直にたてた単位ベクトル e_2 の端点のえがく球面の面素である. そこで大円をふくむ平面の方程式を

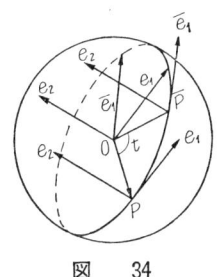

$$u_0 x_0+u_1 x_1+u_2 x_2=0 \quad (u_0^2+u_1^2+u_2^2=1) \qquad (2\cdot26)$$

図 34

とすれば, 点 e_2 の座標は (u_0,u_1,u_2) になる. そのえがく球面の面積素片は, $(2\cdot23)$ によれば

$$dG=u_0[du_1,du_2]+u_1[du_2,du_0]+u_2[du_0,du_1] \qquad (2\cdot27)$$

と書けるから, これが $(2\cdot26)$ で表わされる大円の集まりの測度素片である.

大円の測度については, 平面上の直線の測度と同じようなことが, いろいろ成り立つ. ここでは曲線弧に交わる大円の測度について $(1\cdot10)$ と同じような式を導いてみよう. 球面上の曲線弧を AB とし, その上の点を P, P での接線単位ベクトルを e_1 として標構 $R=(P,e_1,e_2)$ をとれば, $(dP,e_2)=0$ であるから, その微小相対変化

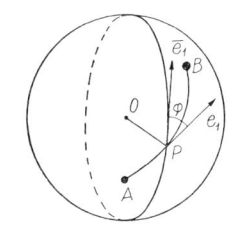

図 35

の式は

$$dP = \omega_1 e_1, \quad de_1 = -\omega_1 P + \omega_{12} e_2, \quad de_2 = -\omega_{12} e_1 \quad (\omega_2 = 0)$$

となる．R を P のまわりに角 φ だけまわした標構 $\bar{R} = (P, \bar{e}_1, \bar{e}_2)$ を考え，その相対成分を $\bar{\omega}_1, \bar{\omega}_2, \bar{\omega}_{12}$ とすれば，(2・21) により

$$\bar{\omega}_1 = \omega_1 \cos\varphi + \omega_2 \sin\varphi = \omega_1 \cos\varphi, \quad \bar{\omega}_2 = -\omega_1 \sin\varphi + \omega_2 \cos\varphi = -\omega_1 \sin\varphi$$

$$\bar{\omega}_{12} = \omega_{12} + d\varphi$$

さて，弧 AB 上で A から P に至る弧の長さを s とすれば，$dP = \omega_1 e_1$．e_1 は単位ベクトルだから $\omega_1 = ds$．かつ，P, e_1, e_2 はすべて s の函数だから ω_{12} は $a(s) ds$ の形である．そこで P をとおり，$\bar{e}_1$ に接する大円を考え，このような大円の集まりの測度素片を dG とすれば，

$$dG = [\bar{\omega}_{12}, \bar{\omega}_2] = [\omega_{12} + d\varphi, -\omega_1 \sin\varphi] = [a(s) ds + d\varphi, -ds \sin\varphi]$$

となって

$$\boxed{dG = \sin\varphi \, [ds, d\varphi]} \quad (2 \cdot 28)$$

これを用いて平面上の直線の場合と同じような結果をいろいろ導くことができる．たとえば，長さ L の曲線弧に交わるすべての大円を考え，その交点の数を n とすれば

$$\boxed{\int n \, dG = 2L} \quad (2 \cdot 29)$$

したがって，大円と二つ以上の点で交わることのない閉曲線 c_1 の中に，同様の閉曲線 c_2 があれば，c_1 に交わる任意の大円が c_2 にも交わる確率は，c_2, c_1 の全長の比になる．

しかし，1・2 で述べた性質の中でも，球面上では意味を失ってくるものもある．たとえば，球面上では平行線に相当するものはないので，p.17 の下の公式 $L = \int D(\theta) d\theta$ などは無意味である．

位置の測度 球面上で図形に変位をほどこすとき，この図形に固定した標構から変位によって生ずる標構 $R = (P, e_1, e_2)$ の集まり K を考え，その相対成分を $\omega_1, \omega_2, \omega_{12}$ とすると，標構の集まり K の測度素片は，

$$\boxed{dK = [\omega_1 \, \omega_2 \, \omega_{12}]} \quad (2 \cdot 30)$$

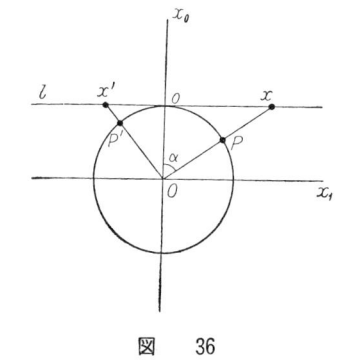

で与えられる．これが変位に対して不変なことは，相対成分の不変性によって明らかであるが，選択に対する不変性，逆不変性については 3・3 でもっと一般の場合について述べる．(2.30) は P の面素 $dS=[\omega_1, \omega_2]$ と，そのまわりの回転角の微分 $\omega_{12}=d\theta$ を用いて，次のように表わすことができる．

$$dK=[dS,\ d\theta] \qquad (2\cdot 31)$$

2・3 直線上の点の測度

直線 l 上の点の座標を x とするとき，$f(x)\geqq 0$ なる連続函数を用いて，点集合 K の測度を

$$\mathrm{m}(K)=\int_K f(x)\,dx \qquad (2\cdot 32)$$

で与えることができる．このようなものの中で，測度素片 dK が

$$dK=dx \qquad (2\cdot 33)$$

で与えられるものは，この直線上の平行移動

$$x'=x+c \qquad (c \text{ は定数}) \qquad (2\cdot 34)$$

によって不変である．逆に，(2.34) で不変な測度で (2.32) の形のものの素片は，(2.33) またはその定数倍の他にないことは，たやすく証明される．

そこで (2.34) とはちがった変位を直線 l 上で考え，この変位で不変な測度をしらべてみよう．まず，l の座標の原点 o でこれに接する半径 1 の円を考えその中心 O を原点とし，l に平行な直線を x_1 軸，l に垂直な直線を x_0 軸，o はその上で正のほうにあるとする．このとき，円の方程式は

$$x_0{}^2+x_1{}^2=1 \qquad (2\cdot 35)$$

で，その上に点 P をとり，OP が x_0 軸となす角を α とすれば，

$$x_0=\cos\alpha,\ \ x_1=\sin\alpha \qquad (2\cdot 36)$$

O のまわりの回転

$$\left.\begin{array}{l} x_0{}'=x_0\cos t - x_1\sin t \\ x_1{}'=x_0\sin t + x_1\cos t \end{array}\right\} \qquad (2\cdot 37)$$

図 36

によって点 $(\cos\alpha, \sin\alpha)$ は，点 $(\cos(\alpha+t), \sin(\alpha+t))$ へ移る．

そこで，l 上の点を x とし，直線 Ox が円 (2·35) と交わる点を P，P に (2·37) をほどこした点を P′ とし，OP′ が l と交わる点の座標を x' とする．点 x に点 x' を対応させる変位を考え，同じ変位で点 y が点 y' に移るとすれば，二直線 Ox, Oy のなす角は，Ox', Oy' のなす角に等しい．Ox, Oy が x_0 軸となす角を $\alpha, \alpha+d\alpha$ とすれば，$d\alpha$ が変位によって不変である．そこで $x=\dfrac{x_1}{x_0}=\tan\alpha$ により

$$d\alpha = d(\tan^{-1}x) = \frac{dx}{1+x^2}$$

また，$x=\dfrac{x_1}{x_0}$, $x'=\dfrac{x_1'}{x_0'}$ と (2·37) によって

$$x' = \frac{x+c}{1-cx} \quad (c=\tan t) \qquad (2\cdot38)$$

この変位によって，次の測度素片が不変になるわけである．

$$dK = \frac{dx}{1+x^2} \qquad (2\cdot39)$$

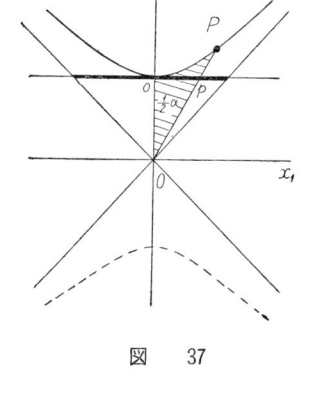

次に円 (2·35) の代りに双曲線

$$x_0^2 - x_1^2 = 1 \qquad (2\cdot40)$$

をとって考えよう．この曲線上の $x_0>0$ なる点の座標は　双曲線函数を用いて次のように表わされる．

$$x_0 = \cosh\alpha, \quad x_1 = \sinh\alpha \qquad (2\cdot41)$$

ここに $\quad\cosh\alpha = \dfrac{1}{2}(e^\alpha+e^{-\alpha}), \quad \sinh\alpha = \dfrac{1}{2}(e^\alpha-e^{-\alpha})$

で，これは次の諸性質をもっている．

$$\cosh^2\alpha - \sinh^2\alpha = 1$$

$$\cosh(\alpha+\beta) = \cosh\alpha\cosh\beta + \sinh\alpha\sinh\beta$$

$$\sinh(\alpha+\beta) = \sinh\alpha\cosh\beta + \cosh\alpha\sinh\beta$$

$$\frac{d}{dx}\cosh x = \sinh x, \quad \frac{d}{dx}\sinh x = \cosh x$$

図　37

2・3 直線上の点の測度

(2・41) で α は双曲線 (2・40),O と点 $(\cosh\alpha, \sinh\alpha)$ をとおる直線,および直線 $x_1=0$ で囲まれた面積の2倍である.さらに

$$\tanh\alpha = \frac{\sinh\alpha}{\cosh\alpha}$$

とおき,$\tanh\alpha$ の逆函数を $\tanh^{-1}x$ とおけば,

$$\tanh^{-1}x = \frac{1}{2}\log\frac{1+x}{1-x} , \quad \frac{d}{dx}\tanh^{-1}x = \frac{1}{1-x^2}$$

そこで点 (2・41) に変位

$$x_1' = x_1\cosh t + x_2\sinh t, \quad x_2' = x_1\sinh t + x_2\cosh t \qquad (2\cdot42)$$

をほどこすと,同じ曲線上の点

$$x_0 = \cosh(\alpha+t), \quad x_1 = \sinh(\alpha+t)$$

へ移る.

直線 $x_0=1$ を l とし,点 $(1, 0)$ をその上で原点として考え,座標 x ($|x|<1$) の点と O とを結ぶ直線が双曲線 (2・40) と交わる点 ($x_0>0$ のほう) を P (x_0, x_1),P に変換 (2・42) をほどこした点 (x_1', x_2') を P′ とし,OP′ と直線 l との交点の座標を x' とする.点 x に点 x' を対応させる変位を考え,同じ変位で点 y が y' に移るとし,点 y に対応する (2・40) 上の点を

$$y_0 = \cosh\beta, \quad y_1 = \sinh\beta$$

とおけば,$\beta-\alpha$ は変位によって不変である.そこで $\beta=\alpha+d\alpha$ とすれば $d\alpha$ は不変で,$x = \dfrac{x_1}{x_0} = \tanh\alpha$ により

$$d\alpha = d(\tanh^{-1}x) = \frac{dx}{1-x^2}$$

また,$x' = \dfrac{x_1'}{x_0'}$ と (2・42) によって

$$x' = \frac{x+c}{1+cx} \qquad (c=\tanh t) \qquad (2\cdot43)$$

この変位によって,次の測度素片が不変になるわけである.

$$dK = \frac{dx}{1-x^2} \qquad (2\cdot44)$$

このように,直線上で変位と不変測度を種々きめることができる.つまり,

（ⅰ） 変位　$x'=x+c$,　　不変測度 $\int dx$　　　（ユークリッド的の測度）
　　　点の範囲は全直線，全測度は ∞

（ⅱ） 変位　$x'=\dfrac{x+c}{1-cx}$，不変測度 $\int\dfrac{dx}{1+x^2}$　（楕円的の測度）
　　　点の範囲は全直線，全測度は π

（ⅲ） 変位　$x'=\dfrac{x+c}{1+cx}$，不変測度 $\int\dfrac{dx}{1-x^2}$　（双曲的の測度）
　　　点の範囲は $-1<x<1$.　全測度は ∞

（ⅱ）（ⅲ）では，$c=\infty$ のときも考えることにする．

このとき，各場合について変位（変換）の全体は群をなしている．つまり

（1）　恒等変換をふくむ．（$c=0$）

（2）　各変換に対し逆の変換がある．（c に対して $-c$ とおいたもの）

（3）　二つの変換を合成したものは，やはりこのような変換である．

　　　たとえば，（ⅲ）で $x'=\dfrac{x+a}{1+ax}$,　$x''=\dfrac{x'+b}{1+bx'}$ とすれば

$$x''=\dfrac{x+c}{1+cx}\quad \text{ここに}\quad c=\dfrac{a+b}{1+ab}$$

なお，変換の集まりであるから結合の法則はつねに成り立っている．

　一般に，群 G のはたらく空間 M で点の集まり K,K' を考え，この群の変換で K から K' へ移れるとき，K と K' は合同であるといい，K,K' の測度で不変なものがあるとき，これをこの変換群で不変な測度という．群で不変な測度を Haar の測度という．Haar は 1933 年に G が第 2 可算公理をみたす局所コンパクト群のとき，M を G 自身にとった空間で不変測度の存在することを示した．このような測度が定数倍を除いては一意的であることは，von Neumann（フォン・ノイマン）によって，1936 年に証明された．また，M が G でないときにも同様のことが考えられている．

2.4　楕円幾何での測度

ユークリッド空間で点の直角座標を (x_0, x_1, x_2) とし，

2・4 楕円幾何での測度

$$球面\ S:\ x_0{}^2+x_1{}^2+x_2{}^2=1 \qquad (2\cdot45)$$

を考える．原点 O とこの球面 S 上の点 P (x_0, x_1, x_2) とを結ぶ直線が

$$平面\ \alpha:\ x_0=1$$

と交わる点を $(1, X_1, X_2)$ とすれば

$$X_1=\frac{x_1}{x_0}, \quad X_2=\frac{x_2}{x_0} \qquad (2\cdot46)$$

この対応で球面 S 上の点と平面 α 上の点とは，2 対 1 の対応をする．（この平面は無限遠直線を加えて，射影平面にしておく）．このとき，S 上で中心に対して対称な点を同一の点とみることにすれば，この対応は 1 対 1 になる．

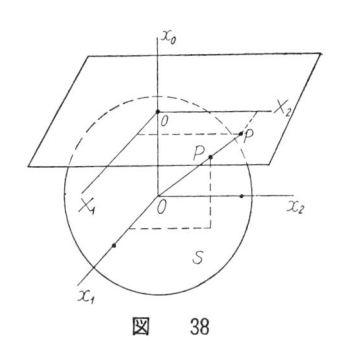

図 38

そこで平面 α 上の変位をふつうのユークリッド平面での変位でなく，次のようにきめる．平面 α 上の点 p に対し，直線 Op と球面 S との交点 P をつくり，これに定まった回転 σ をほどこした点を P$'$ とし，OP$'$ と平面 α の交点を p' とする．このようにして点 p を p' へ移す変位を考える．この変位によって直線は直線に移る．平面 α 上の二点 p, q 間の距離は，新たにこれに対応す球面上の二点 P, Q を結ぶ大円の劣弧の長さにとり，二直線のなす角の大きさは，新たにこの二直線に対応する球面上の二つの大円の弧のなす角にとる．そうすれば

$$線分の長さや，角の大きさは，変位によって変らない$$

といえる．このような量や，変位を基本にしてできる幾何学を**楕円幾何**（リーマンの非ユークリッド幾何）という．この幾何では，二直線は必ず交わり，直線の全長は π である．

楕円幾何での量はすべて球面上の量で表わされ，球面の回転に対して不変な量には，楕円幾何での変位で変らない量が対応する．したがって，平面 α 上の点 p からこれに近い点 $p+dp$ に至る距離の平方は，球面上の対応点 P からこれに近い点 P$+d$P へ至る距離の平方で与えられ，(2・20) により

$$ds^2=(d\mathrm{P},d\mathrm{P})=\omega_1{}^2+\omega_2{}^2 \tag{2・47}$$

ところが直角座標でいえば $ds^2=dx_0{}^2+dx_1{}^2+dx_2{}^2$. (2・45)(2・46)により

$$x_1=x_0\,X_1,\quad x_2=x_0\,X_2,\quad x_0{}^2=\frac{1}{1+X_1{}^2+X_2{}^2} \tag{2・48}$$

これらを代入して

$$ds^2=\frac{dX_1{}^2+dX_2{}^2+(X_2\,dX_1-X_1\,dX_2)^2}{(1+X_1{}^2+X_2{}^2)^2} \tag{2・49}$$

つぎに,点 (x_0,x_1,x_2) の球面上での面素は(2・23)により

$$dS=x_0[dx_1,\,dx_2]+x_1[dx_2,\,dx_0]+x_2[dx_0,\,dx_1]$$

ゆえに平面 α 上の点 (X_1,X_2) の面素は,(2・48)をこれに代入して

$$dS=\frac{[dX_1,\,dX_2]}{(1+X_1{}^2+X_2{}^2)^{\frac{3}{2}}} \tag{2・50}$$

また,平面 $u_0\,x_0+u_1\,x_1+u_2\,x_2=0\ \ (u_0{}^2+u_1{}^2+u_2{}^2=1)$
で定まる大円の集まりの測度素片は,(2・27)によれば

$$u_0\,[du_1,du_2]+u_1\,[du_2,du_0]+u_2\,[du_0,du_1]$$

α 上でこの大円に対応する直線の方程式を

$$1+U_1X_1+U_2X_2=0 \tag{2・51}$$

とすれば

$$U_1=\frac{u_1}{u_0}\ ,\quad U_2=\frac{u_2}{u_0}$$

ゆえに,(2・51)で表わされた直線の集まりの不変測度素片は

$$dG=\frac{[dU_1,\,dU_2]}{(1+U_1{}^2+U_2{}^2)^{\frac{3}{2}}} \tag{2・52}$$

で与えられる.

つぎに,平面 α 上の直角標構は,球面上のそれを O から α 上へ投影して得られる.基本ベクトルの長さは,この α 上の計りかたで 1 にとっておく.このとき,標構の集まりの不変測度の素片は,(2・31)によって

$$dK=[\omega_1\,\omega_2\,\omega_{12}]=[dS,\,d\theta]$$

で与えられる．ここに，dS は点 p の面素であり，$d\theta$ はそのまわりの回転角（非ユークリッドの意味）の微分である．

2.5 双曲幾何での測度

次に球面 (2·45) の代りに，二葉双曲面の一方
$$S: -x_0^2+x_1^2+x_2^2=-1 \quad (x_0>0) \quad (2·53)$$
をとって，この上の点 $P(x_0, x_1, x_2)$ を同じ曲面上の点 $P'(x_0', x_1', x_2')$ へ移す一次変換
$$x_i' = \sum_{j=0}^{2} t_{ij} x_j \quad (i,j=0,1,2) \quad (2·54)$$
を考える．まず，二つのベクトル $x=(x_0, x_1, x_2)$，$y=(y_0, y_1, y_2)$ の内積を，これまでとちがって
$$\boxed{(x, y) = -x_0 y_0 + x_1 y_1 + x_2 y_2}$$

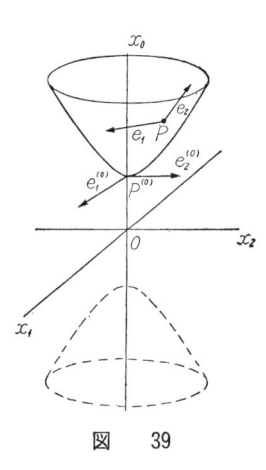

図 39

と定義すると，次のようなことは，ふつうの内積の場合と同様である．
$$(x, y)=(y, x), \quad (kx, y)=k(x, y) \quad (k \text{ は数})$$
$$(x+y, z)=(x, z)+(y, z)$$
この記号によれば，(2·53) は $(x, x)=-1$ と書ける．

そこで内積 (x, y) を変えない一次変換 (2·54) を行列 $T=(t_{ij})$ を用いて $x'=Tx$ と書き，この行列 T の性質を述べておこう．x の成分を 3 行 1 列の行列とみてその転置行列を ${}^tx$ と書き，さらに

$$A=\begin{pmatrix} -1 & 0 & 0 \\ 0 & 1 & 0 \\ 0 & 0 & 1 \end{pmatrix} \quad \text{とおけば} \quad (x,y)={}^txAy$$

$(x', y')=(x, y)$ によって ${}^tx'Ay'={}^txAy$
$x'=Tx, \ y'=Ty$ だから ${}^tx\,{}^tTATy={}^txAy$
x, y は任意だから ${}^tTAT=A \quad (2·55)$

行列式をとれば $|T|\cdot|A|\cdot|T|=|A|$，ゆえに $|T|=\pm1$
また， ${}^tTA=AT^{-1}$

$|T|=1$ のときに,これを成分について書けば,たとえば

$$t_{00}=\begin{vmatrix} t_{11} & t_{12} \\ t_{21} & t_{22} \end{vmatrix}, \quad t_{01}=\begin{vmatrix} t_{10} & t_{12} \\ t_{20} & t_{22} \end{vmatrix}, \quad t_{02}=-\begin{vmatrix} t_{10} & t_{11} \\ t_{20} & t_{21} \end{vmatrix} \quad (2\cdot56)$$

ここでは,このような変換 $x'=Tx$ の中で $|T|=+1$ のもののみ取扱うことにする.この一次変換によって

　　　　曲面 (2·53) 上の任意の点から任意の点へ移ることができる

ことを証明しよう.まず,適当な回転

$$x_0'=x_0, \quad x_1'=x_1\cos\theta-x_2\sin\theta, \quad x_2'=x_1\sin\theta+x_2\cos\theta$$

によって,点 (x_0,x_1,x_2) は $(x_0,\xi_1,0)$ なる点に移る.このとき,$x_0{}^2-\xi_1{}^2=1$ $(x_0>0)$.だから $x_0=\cosh\alpha, \xi_1=\sinh\alpha$ とおくことができる.この点 $(x_0,\xi_1,0)$ に変位

$$x_0'=x_0\cosh(-\alpha)+x_1\sinh(-\alpha), \quad x_1'=x_0\sinh(-\alpha)+x_1\cosh(-\alpha)$$

をほどこせば,点 $(1,0,0)$ へ移る.(2·53) 上の任意の点が $(1,0,0)$ へ移るから,(2·53) 上の任意の点が任意の点に移る.

この曲面上で,二点 $P(x_0,x_1,x_2)$, $Q(y_0,y_1,y_2)$ 間の距離を

$$\boxed{PQ=\cosh^{-1}(x_0y_0-x_1y_1-x_2y_2)\;(\geqq 0)} \quad (2\cdot57)$$

で与えれば,これは変位 (2·54) が内積を変えないから,距離は変位によって変らない.P, Q を変位によって共に $x_2=0$ なる平面上に移し,その移った点 A, B を $(\cosh\alpha, \sinh\alpha, 0), (\cosh\beta, \sinh\beta, 0)$ とすれば

$$PQ=AB=\cosh^{-1}(\cosh\alpha\cosh\beta-\sinh\alpha\sinh\beta)$$

となり,$\beta>\alpha$ とすれば　　　　$PQ=\beta-\alpha$

ゆえに,原点をとおる平面と (2·53) の交線(これをかりに Γ 線とよぶ)上に三点 P, Q, R がこの順にあれば,上に述べた距離の意味で

$$PQ+QR=PR$$

これで (2·57) を距離にとったことの妥当であることがわかろう.

また,原点をとおる二つの平面と (2·53) が交わってできる二つの Γ 線のなす角を定義しよう.平面の方程式を

2·5 双曲幾何での測度

$$-u_0 x_0 + u_1 x_1 + u_2 x_2 = 0 \quad (-u_0{}^2 + u_1{}^2 + u_2{}^2 = 1) \tag{2.58}$$

とし, (2·54) の t_{ij} を用いて, $u_i' = \sum_{j=0}^{2} t_{ij} u_j$ とすれば, 内積の不変性により (2·58) に対し

$$-u_0' x_0' + u_1' x_1' + u_2' x_2' = 0 \quad (-u_0'{}^2 + u_1'{}^2 + u_2'{}^2 = 1)$$

さらにもう一つの平面

$$-v_0 x_0 + v_1 x_1 + v_2 x_2 = 0 \quad (-v_0{}^2 + v_1{}^2 + v_2{}^2 = 1) \tag{2.59}$$

を考えると, (2·58)(2·59) で定まる 2 つの Γ 線の交角は

$$\boxed{\theta = \cos^{-1}(-u_0 v_0 + u_1 v_1 + u_2 v_2)} \tag{2.60}$$

で定義することができる. まず, これは変位で不変だから, この二つの Γ 線の交点が原点に移り, (2·58), (2·59) がそれぞれ

$$x_1 \sin\alpha - x_2 \cos\alpha = 0, \quad x_1 \sin\beta - x_2 \cos\beta = 0 \quad (\pi > \beta \geq \alpha \geq 0)$$

になるようにすれば, $(u_0, u_1, u_2), (v_0, v_1, v_2)$ が $(0, \sin\alpha, -\cos\alpha)$, $(0, \sin\beta, -\cos\beta)$ になるから

$$\theta = \cos^{-1}(\sin\alpha \sin\beta + \cos\alpha \cos\beta) = \beta - \alpha$$

このことから, 一点から出る三つの Γ 線があって, 二つずつのなす角を θ, φ, ψ とすれば

$$\psi = \theta \pm \varphi$$

いま $\quad P^{(0)} = (1, 0, 0), \quad e_1{}^{(0)} = (0, 1, 0), \quad e_2{}^{(0)} = (0, 0, 1) \tag{2.61}$

をとれば, $P^{(0)}$ は (2·53) 上の点, $e_1{}^{(0)}, e_2{}^{(0)}$ はこれに接している. そして

$$(P^{(0)}, P^{(0)}) = -1, \quad (P^{(0)}, e_i{}^{(0)}) = 0, \quad (e_i{}^{(0)}, e_j{}^{(0)}) = \delta_{ij}, \quad (i, j = 1, 2)$$

(2·61) に内積を変えない一次変換 (2·54) をほどこしてできるベクトルを P, e_1, e_2 とすれば,

$$(P, P) = -1, \quad (P, e_i) = 0, \quad (e_i, e_j) = \delta_{ij}, \quad (i, j = 1, 2) \tag{2.62}$$

逆に, このような 3 つのベクトル P, e_1, e_2 は, (2·61) に内積を変えない一次変換をほどこせば得られ, その変換の行列は P, e_1, e_2 の成分をそれぞれ第 1, 2, 3 列にならべたものである. このことは (2·55) からわかる.

(2·62) を満たす $R = (P, e_1, e_2)$ を (2·53) 上の点 P での標構という. 標構の微分可能な集まりを考え, P, e_1, e_2 が一次独立なことを用いて

$$dP=\omega_0 P+\omega_1 e_1+\omega_2 e_2, \quad de_i=\omega_{i0} P+\omega_{i1} e_1+\omega_{i2} e_2 \quad (i=1,2)$$

とおき
$$d(P,P)=0, \quad d(P,e_i)=0, \quad d(e_i,e_j)=0$$

を (2・62) を参照して計算すれば，$\omega_0=0,\ \omega_{i0}=\omega_i,\ \omega_{ij}=-\omega_{ji}\ (i,j=1,2)$

$$\omega_0=-(dP,P), \quad \omega_i=(dP,e_i), \quad \omega_{ij}=(de_i,e_j) \quad (i,j=1,2)$$

したがって
$$dP=\omega_1 e_1+\omega_2 e_2, \quad de_1=\omega_1 P+\omega_{12} e_2, \quad de_2=\omega_2 P-\omega_{12} e_2 \tag{2・63}$$

第一式から，e_1, e_2 はつねに (2・53) に接するベクトルであることがわかる．そこで，内積を変えない行列式 1 の一次変換 (2・54) を曲面 (2・53) 上の変位と考えたとき，これによって不変な図形の測度を考えてみよう．

まず，点 P のまわりの回転によって，
$$\bar{e}_1=e_1\cos\theta+e_2\sin\theta, \quad \bar{e}_2=-e_1\sin\theta+e_2\cos\theta \tag{2・64}$$

をつくると (2・62) によって
$$(P,\bar{e}_i)=0, \quad (\bar{e}_i,\bar{e}_j)=\delta_{ij} \quad (i,j=1,2)$$

したがって，$R=(P,\bar{e}_1,\bar{e}_2)$ も P を原点とする標構である．この標構に対する相対成分を $\bar{\omega}_1, \bar{\omega}_2, \bar{\omega}_{12}$ とすれば，球面の場合と同様に

$$\bar{\omega}_1=\omega_1\cos\theta+\omega_2\sin\theta, \quad \bar{\omega}_2=-\omega_1\sin\theta+\omega_2\cos\theta, \quad \bar{\omega}_{12}=\omega_{12}+d\theta$$

となって
$$[\bar{\omega}_1,\bar{\omega}_2]=[\omega_1,\omega_2] \tag{2・65}$$

これが，点の集まりの不変測度の素片である．これを dS とし，P の座標 (x_0, x_1, x_2) を用いて表わしてみよう．$e_i=(t_{i0},t_{i1},t_{i2})\ (i=1,2)$ とし，$x_i=t_{0i}$ とおいて考えれば，行列 (t_{ij}) が (2・55) を満たすものであることは (2・62) からわかる．したがって (2・56) によって

$$dS=[\omega_1,\omega_2]=[(dP,e_1),(dP,e_2)]$$
$$=[-t_{10}dx_0+t_{11}dx_1+t_{12}dx_2, -t_{20}dx_0+t_{21}dx_1+t_{22}dx_2]$$
$$=(t_{11}t_{22}-t_{12}t_{21})[dx_1,dx_2]-(t_{12}t_{20}-t_{10}t_{22})[dx_2,dx_0]$$
$$\quad -(t_{10}t_{21}-t_{11}t_{20})[dx_0,dx_1]$$
$$=t_{00}[dx_1,dx_2]+t_{01}[dx_2,dx_0]+t_{02}[dx_0,dx_1]$$

ゆえに
$$\boxed{dS=x_0[dx_1,dx_2]+x_1[dx_2,dx_0]+x_2[dx_0,dx_1]} \tag{2・66}$$

2・5 双曲幾何での測度

また $\bar{\omega}_1{}^2+\bar{\omega}_2{}^2=\omega_1{}^2+\omega_2{}^2$ だから，これも点の集まりの不変量で，これを ds^2 とおくと

$$ds^2=\omega_1{}^2+\omega_2{}^2=-\omega_0{}^2+\omega_1{}^2+\omega_2{}^2$$
$$=-(d\mathrm{P},\mathrm{P})^2+(d\mathrm{P},e_1)^2+(d\mathrm{P},e_2)^2=-dx_0{}^2+dx_1{}^2+dx_2{}^2 \quad (2\cdot67)$$

つぎに，平面 $\quad -u_0x_0+u_1x_1+u_2x_2=0 \; (-u_0{}^2+u_1{}^2+u_2{}^2=1)\quad (2\cdot68)$
と曲面 S $(2\cdot53)$ との交線を考え，このような線を一般に Γ 線とよぶことは p.46 で述べたが，内積 (x,y) を変えない一次変換によって，Γ 線は Γ 線に移る．Γ 線の集まりを考え，そのおのおのの上に点 P, P での Γ 線の接線上に e_1 をとって標構 $\mathrm{R}=(\mathrm{P},e_1,e_2)$ を考える．そこで

$$\bar{\mathrm{P}}=\mathrm{P}\cosh t+e_1\sinh t, \quad \bar{e}_1=\mathrm{P}\sinh t+e_1\cosh t, \quad \bar{e}_2=e_2$$

とすれば，$(2\cdot62)$ によって

$$(\bar{\mathrm{P}},\bar{\mathrm{P}})=-1, \quad (\bar{\mathrm{P}},\bar{e}_i)=0, \quad (\bar{e}_i,\bar{e}_j)=\delta_{ij} \; (i,j=1,2)$$

となって，$\bar{\mathrm{R}}=(\bar{\mathrm{P}},\bar{e}_1,\bar{e}_2,)$ も標構となり，しかも $\bar{\mathrm{P}}$ は考えている Γ 線上にあり，$\bar{e}_1$ は接線である．この $\bar{\mathrm{R}}$ に対する相対成分を $\bar{\omega}_1,\bar{\omega}_2,\bar{\omega}_{12}$ とすれば，$(2\cdot25)$ と同様にして，

$$\bar{\omega}_1=\omega_1+dt, \quad \bar{\omega}_2=\omega_2\cosh t+\omega_{12}\sinh t, \quad \bar{\omega}_{12}=\omega_2\sinh t+\omega_{12}\cosh t$$

ゆえに $\qquad [\bar{\omega}_{12},\bar{\omega}_2]=[\omega_{12},\omega_2]$

つまり，$[\omega_{12},\omega_2]$ は Γ 線の集まりの不変測度である．$(2\cdot68)$ および

$$(e_2,\mathrm{P})=0, \quad (e_2,e_2)=1$$

によって，$e_2=(u_0,u_1,u_2)$ とみることができる．この u_0,u_1,u_2 を用いて $d\Gamma=[\omega_{12},\omega_2]$ を表わせば，$(2\cdot66)$ を得たのと同様の計算で，

$$d\Gamma=u_0[du_1,du_2]+u_1[du_2,du_0]+u_2[du_0,du_1] \quad (2\cdot69)$$

また，$(2\cdot30)$ と同様に，標構 $\mathrm{R}=(\mathrm{P},e_1,e_2)$ の集まりの不変測度の素片は

$$dK=[\omega_1\,\omega_2\,\omega_{12}]=[dS,d\theta]$$

で与えられる．ここに，dS は点 P の面積素片，$d\theta$ は P のまわりの回転角の微分である．

そこで，曲面 $\quad (x,x)=-x_0{}^2+x_1{}^2+x_2{}^2=-1 \quad (x_0>0) \quad (2\cdot70)$

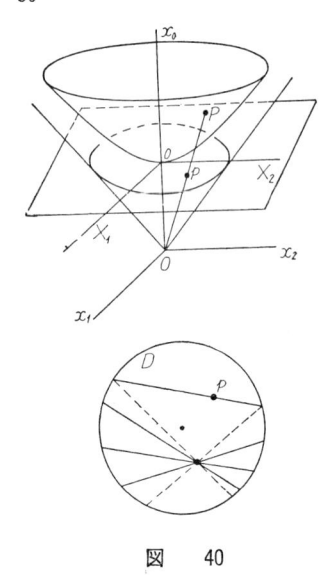

上の点 $P(x_0, x_1, x_2)$ と原点 O を結ぶ直線が，

$$\text{平面 } \alpha : x_0 = 1$$

と交わる点を $(1, X_1, X_2)$ とすれば

$$X_1 = \frac{x_1}{x_0}, \quad X_2 = \frac{x_2}{x_0} \qquad (2\cdot71)$$

この対応で，曲面 (2·70) 上の点と，平面 α 上の円

$$X_1{}^2 + X_2{}^2 = 1$$

の内部 D とが，1 対 1 に対応する．そこで，この円の内部 D のみ考えることにし，変位を次のようにきめる．D 内の点を p とし，直線 Op と (2·70) との交点

図 40

を P とし，これにこの曲面上の上に述べてきた変位をほどこしてできた点を P′ とし，OP′ と平面 α との交点を p' とする．点 p から点 p' へ移る変位を考えると，この変位で D 内の直線は直線へ移り，(2·57) で与えた距離や，(2·60) で与えた角は変らない．さらに，D 内では一点をとおって，一直線に交わらない直線がいくらでもひける．このようにして，D 内に構成される幾何学を**双曲幾何**（ボリアイ，ロバチェフスキーの非ユークリッド幾何）という．

双曲幾何での量はすべて曲面 (2·70) 上での量で表わされ，この面上のまえに述べた変位で不変な量には，双曲幾何での変位で変らない量が対応する．したがって平面 α 上の点 P から，これに近い点に至る距離の平方は (2·67) により

$$ds^2 = (d\mathrm{P}, d\mathrm{P}) = \omega_1{}^2 + \omega_2{}^2 = -dx_0{}^2 + dx_1{}^2 + dx_2{}^2 \qquad (2\cdot72)$$

で与えられる．(2·70) (2·71) によれば

$$x_1 = x_0 X_1, \quad x_2 = x_0 X_2, \quad x_0{}^2 = \frac{1}{1 - X_1{}^2 - X_2{}^2} \qquad (2\cdot73)$$

これらを代入して

$$ds^2 = \frac{dX_1{}^2 + dX_2{}^2 - (X_2 dX_1 - X_1 dX_2)^2}{(1 - X_1{}^2 - X_2{}^2)^2} \qquad (2\cdot74)$$

2·6 同次アフィン変換と測度　　51

p.44 で述べた楕円幾何の場合と同様にして，点 (X_1, X_2) の面素は

$$dS = \frac{[dX_1,\ dX_2]}{(1-X_1^2-X_2^2)^{\frac{3}{2}}} \qquad (2\cdot75)$$

また，直線
$$-1 + U_1 X_1 + U_2 X_2 = 0 \qquad (2\cdot76)$$

の集まりの測度は

$$dG = \frac{[dU_1,\ dU_2]}{(U_1^2+U_2^2-1)^{\frac{3}{2}}} \qquad (2\cdot77)$$

p.47 で述べた標構 $R=(P, e_1, e_2)$ を O から平面 α 上へ投影してできる標構を考える．基本ベクトルの長さは，D 内の計りかたで 1 にしておく．このとき，標構の集まりの不変測度の素片は

$$dK = [dS,\ d\theta] \qquad (2\cdot78)$$

ここに dS は点 P での面素であり，$d\theta$ はその点のまわりの回転角（非ユークリッドの意味）の微分である．

2·6　同次アフィン変換と測度

ユークリッド平面上で直角座標を考え，座標 (x_1, x_2) の点から，座標 (x_1', x_2') の点へ移る変換

$$x_1' = p_1 x_1 + q_1 x_2$$
$$x_2' = p_2 x_1 + q_2 x_2$$
ここに $\begin{vmatrix} p_1 & q_1 \\ p_2 & q_2 \end{vmatrix} = 1 \quad (2\cdot79)$

を考える．これを同次アフィン変換とよぶことにする．この変換は次の性質をもっている．

(i) 直線を直線に移し，平行線を平行線に移す．

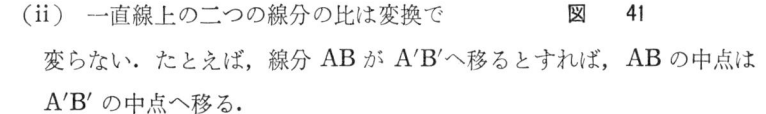

(ii) 一直線上の二つの線分の比は変換で変らない．たとえば，線分 AB が A$'$B$'$ へ移るとすれば，AB の中点は A$'$B$'$ の中点へ移る．

(iii) 面積は変らない．たとえば，平行四辺形は平行四辺形に移るが，そ

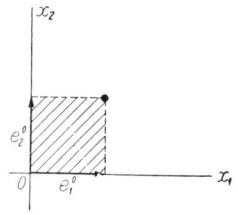

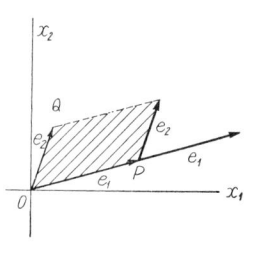

図　41

の面積は同じである．

(iv) 同次アフィン変換の全体は群をなす．

変換 (2・79) によって，点 (1, 0), (0, 1) が二点 P(p_1, p_2), Q(q_1, q_2) へ移る．そこで，原点からこの二点へ至る有向線分できまるベクトルを e_1, e_2 とし，点 P と二つのベクトル e_1, e_2 を合せたものを，点 P での標構とよぶことにする．

ここで，一般にベクトル $\mathfrak{a}=(a_1, a_2)$, $\mathfrak{b}=(b_1, b_2)$ に対して，外積（ベクトル積）$\mathfrak{a}\times\mathfrak{b}$ を，次のように定義する．

$$\mathfrak{a}\times\mathfrak{b} = \begin{vmatrix} a_1 & b_1 \\ a_2 & b_2 \end{vmatrix} = a_1 b_2 - a_2 b_1 \tag{2・80}$$

そうすれば， $\mathfrak{a}\times\mathfrak{a}=0$, $\mathfrak{a}\times\mathfrak{b}=-\mathfrak{b}\times\mathfrak{a}$, $(k\mathfrak{a})\times\mathfrak{b}=k(\mathfrak{a}\times\mathfrak{b})$ （k は数）
$$\mathfrak{a}\times(\mathfrak{b}+\mathfrak{c})=\mathfrak{a}\times\mathfrak{b}+\mathfrak{a}\times\mathfrak{c}$$

そこで標構 $R=(P, e_1, e_2)$ の集まりがあるとき，

$$de_1 = \omega_1 e_1 + \omega_2 e_2 \qquad de_2 = \rho_1 e_1 + \rho_2 e_2 \tag{2・81}$$

とおけば，
$$e_1 \times e_2 = \begin{vmatrix} p_1 & q_1 \\ p_2 & q_2 \end{vmatrix} = 1 \tag{2・82}$$

であることから，
$$\omega_1 + \rho_2 = 0 \tag{2・83}$$

それは，
$$0 = d(e_1 \times e_2) = de_1 \times e_2 + e_1 \times de_2$$

に (2・81) を代入し，(2・82) を参照すれば出てくる．

点の測度 e_1 は点 P の座標ベクトルであるが，$e_1=(p_1, p_2)$ は (2・79) の条件のもとでも任意のベクトルにとれるから，標構の原点 P はどんな点にも移れる．いま，P を原点とする標構 $R=(P, e_1, e_2)$ から，同じ原点の標構 $\bar{R}=(\bar{P}, \bar{e}_1, \bar{e}_2)$ へ移るとき，

$$\bar{e}_1 = e_1, \qquad \bar{e}_2 = u e_1 + v e_2$$

とおくと， $1 = \bar{e}_1 \times \bar{e}_2 = v(e_1 \times e_2) = v$, つまり $v = 1$

さらに $d\bar{e}_1 = {}_1\bar{e}_1 + \bar{\omega}_2 \bar{e}_2$, $d\bar{e}_2 = \bar{\rho}_1 \bar{e}_1 + \bar{\rho}_2 \bar{e}_2$ （$\bar{\rho}_2 = -\bar{\omega}_1$）

とおけば， $\omega_1 e_1 + \omega_2 e_2 = \bar{\omega}_1 e_1 + \bar{\omega}_2(u e_1 + e_2)$

$$du\, e_1 + u(\omega_1 e_1 + \omega_2 e_2) + \rho_1 e_1 + \rho_2 e_2 = \bar{\rho}_1 e_1 + \bar{\rho}_2(u e_1 + e_2)$$

2・6 同次アフィン変換と測度

により $\omega_1 = \bar{\omega}_1 + u\bar{\omega}_2, \quad \omega_2 = \bar{\omega}_2, \quad \rho_1 + u\omega_1 + du = \bar{\rho}_1 - v\bar{\omega}_1$

ゆえに，ω_1, ω_2 が点 P の相対成分であり，$[\omega_1, \omega_2] = [\bar{\omega}_1, \bar{\omega}_2]$ だから

$$dP = [\omega_1, \omega_2] \qquad (2\cdot84)$$

が点の測度である．$e_2 = \left(0, \dfrac{1}{p_1}\right)$ にとって考えれば

$$\omega_1 = de_1 \times e_2 = \dfrac{dp_1}{p_1}, \quad \omega_2 = -de_1 \times e_1 = -dp_1 \cdot p_2 + dp_2 \cdot p_1$$

となって

$$dP = [dp_1, dp_2] \qquad (2\cdot85)$$

直線の測度　原点をとおらない直線 l 上に点 P を任意にとり，P の座標ベクトルを e_1，l の上にベクトル e_2 をとって，標構 $R = (P, e_1, e_2)$ を考える．直線の集まりについて，これに対応する標構 R の集まりを考え，この相対変化が (2・81) で与えられるとする．つぎに，l 上に原点 $\bar{P}$ と $\bar{e}_2$ をおく標構を $\bar{R} = (\bar{P}, \bar{e}_1, \bar{e}_2)$ とすれば

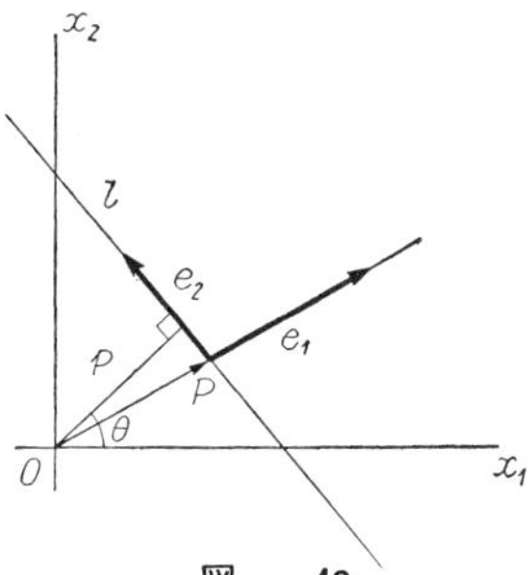

$$\bar{e}_1 = e_1 + ue_2, \quad \bar{e}_2 = ve_2$$

$\bar{e}_1 \times \bar{e}_2 = 1$ により　　$v = 1$

図 42

この $\bar{R}$ について　　$d\bar{e}_1 = \bar{\omega}_1 \bar{e}_1 + \bar{\omega}_2 \bar{e}_2, \quad d\bar{e}_2 = \bar{\rho}_1 \bar{e}_1 + \bar{\rho}_2 \bar{e}_2 \quad (\bar{\rho}_2 = -\bar{\omega}_1)$

とおけば，　　$\omega_1 + u\rho_1 = \bar{\omega}_1, \quad \omega_2 + u\rho_2 + du = \bar{\omega}_2 + u\bar{\omega}_1, \quad \rho_1 = \bar{\rho}_1$

ゆえに　ω_1, ρ_1 が直線の主相対成分で，$[\omega_1, \rho_1] = [\bar{\omega}_1, \bar{\rho}_1]$ によって

$$dG = [\omega_1, \rho_1] = [\rho_1, \rho_2] = [dq_1, dq_2] \qquad (2\cdot86)$$

が直線 l の集まりの不変測度素片になる．

いま，原点 O から l へおろした垂線の長さを p とすれば，e_1, e_2 を二辺にもつ平行四辺形の面積は 1 だから，e_2 の長さは $\dfrac{1}{p}$ となる．この垂線が x_1 軸となす角を θ とすれば，e_2 の成分は

$$q_1 = -\dfrac{1}{p}\sin\theta, \qquad q_2 = \dfrac{1}{p}\cos\theta$$

(2·86) によって
$$dG = -\frac{1}{p^3}[dp, d\theta] \qquad (2·87)$$

原点 O を内部にふくむような凸閉曲線 K があるとき，これに交わらないすべての直線の測度 m を求めてみよう．x_1 軸と角 θ をなす直線に垂直で凸閉曲線 K に交わる直線の集まりのうちで，原点 O から最も遠いものを考えて，O からこれに至る距離を h とすれば

$$m = \int_0^{2\pi}\left(\int_h^{\infty}\frac{1}{p^3}dp\right)d\theta = \frac{1}{2}\int_0^{2\pi}\frac{d\theta}{h^2} \qquad (2·88)$$

位置の測度 標構 $R = (P, e_1, e_2)$ の集まり K に対して，その測度素片を

$$dK = [\omega_1\ \omega_2\ \rho_1] \qquad (2·89)$$

で定義すると，これも3種の不変性をもっている．

(i) 変位に対する不変性． この場合にも，相対成分 $\omega_1, \omega_2, \rho_1$ は変位に対して不変だから，dK も変位に対して不変である．

(ii) 選択に対する不変性． 標構 R の代りに，これに対する相対的の位置が一定であるような標構 $\bar{R} = (\bar{P}, \bar{e}_1, \bar{e}_2)$ をとると，定数 a_1, a_2, b_1, b_2 を用いて

$$\bar{e}_1 = a_1 e_1 + a_2 e_2, \quad \bar{e}_2 = b_1 e_1 + b_2 e_2, \quad a_1 b_2 - a_2 b_1 = 1 \qquad (2·90)$$

とおける．逆に，e_1, e_2 について解くと

$$e_1 = b_2 \bar{e}_1 - a_2 \bar{e}_2, \qquad e_2 = -b_1 \bar{e}_1 + a_1 \bar{e}_2 \qquad (2·91)$$

$\bar{R} = (\bar{P}, \bar{e}_1, \bar{e}_2)$ の相対変化を

$$d\bar{e}_1 = \bar{\omega}_1 \bar{e}_1 + \bar{\omega}_2 \bar{e}_2, \qquad d\bar{e}_2 = \bar{\rho}_1 \bar{e}_1 + \bar{\rho}_2 \bar{e}_2 \quad (\bar{\rho}_2 = -\bar{\omega}_1)$$

とおいて，(2·90)(2·91)(2·81)を参照して計算すると

$$\bar{\omega}_1 = b_2(a_1 \omega_1 + a_2 \rho_1) - b_1(a_1 \omega_2 + a_2 \rho_2)$$
$$\bar{\omega}_2 = -a_2(a_1 \omega_1 + a_2 \rho_1) + a_1(a_1 \omega_2 + a_2 \rho_2)$$
$$\bar{\rho}_1 = b_2(b_1 \omega_1 + b_2 \rho_1) - b_1(b_1 \omega_2 + b_2 \rho_2)$$

これから $\qquad [\bar{\omega}_1,\ \bar{\omega}_2] = [a_1 \omega_1 + a_2 \rho_1,\ a_1 \omega_2 + a_2 \rho_2]$

ゆえに，$[\bar{\omega}_1\ \bar{\omega}_2\ \bar{\rho}_1] = [[a_1 \omega_1 + a_2 \rho_1,\ b_1 \omega_1 + b_2 \rho_1],\ -b_2(a_1 \omega_2 + a_2 \rho_2)]$
$\qquad\qquad - [b_1(a_1 \omega_1 + a_2 \rho_1), [a_1 \omega_2 + a_2 \rho_2, b_1 \omega_2 + b_2 \rho_2]]$

2·6 同次アフィン変換と測度

$$= [[\omega_1, \rho_1], -b_2(a_1\omega_2+a_2\rho_2)] - [b_1(a_1\omega_1+a_2\rho_1), [\omega_2, \rho_2]]$$

$\rho_2 = -\omega_1$ であることから $\qquad [\bar{\omega}_1\,\bar{\omega}_2\,\bar{\rho}_1] = [\omega_1\,\omega_2\,\rho_1]$

(iii) 逆不変性. $e_1{}^0 = (1, 0)$, $e_2{}^0 = (0, 1)$ とおくと, (2·79) によって, これが $e_1 = (p_1, p_2)$, $e_2 = (q_1, q_2)$ に移る. ゆえに

$$e_1 = p_1 e_1{}^0 + p_2 e_2{}^0, \quad e_2 = q_1 e_1{}^0 + q_2 e_2{}^0, \quad p_1 q_2 - p_2 q_1 = 1 \qquad (2·92)$$

$R = (P, e_1, e_2)$ の相対成分を $\omega_1, \omega_2, \rho_1, \rho_2\,(=-\omega_1)$ とすれば, (2·85) によって

$$[\omega_1, \omega_2] = [dp_1, dp_2]$$

また, $\qquad \rho_1 = de_2 \times e_2 = dq_1 \cdot q_2 - dq_2 \cdot q_1$

ゆえに

$$[\omega_1\,\omega_2\,\rho_1] = [dp_1, dp_2, dq_1 q_2 - dq_2 q_1] = q_2[dp_1\,dp_2\,dq_1] - q_1[dp_1\,dp_2\,dq_2] \qquad (2·93)$$

基本の標構 $R_0 = (O, e_1{}^0, e_2{}^0)$ を, 動く標構 $R = (P, e_1, e_2)$ を基準にして見るときは, (2·92) より

$$e_1{}^0 = q_2 e_1 - p_2 e_2, \qquad e_2{}^0 = -q_1 e_1 + p_1 e_2$$

つまり $e_1{}^0 = (q_2, -p_2)$, $e_2{}^0 = (-q_1, p_1)$ となる. したがって, R_0 を動くものとみたときの相対成分を $\bar{\omega}_1, \bar{\omega}_2, \bar{\rho}_1, \bar{\rho}_2\,(=-\bar{\omega}_1)$ とおくと, (2·93) の p_1, p_2, q_1, q_2 の代りに, $q_2, -p_2, -q_1, p_1$ とおいて

$$[\bar{\omega}_1\,\bar{\omega}_2\,\bar{\rho}_1] = p_1[dq_2\,d(-p_2)\,d(-q_1)] - (-q_1)[dq_2\,d(-p_2)\,dp_1] \qquad (2·94)$$

そこで $\qquad q_2 dp_1 + p_1 dq_2 = d(p_1 q_2) = d(1 + p_2 q_1) = dp_2 \cdot q_1 + p_2 dq_1$

によって, (2·93) (2·94) から

$$[\bar{\omega}_1\,\bar{\omega}_2\,\bar{\rho}_1] = -[\omega_1\,\omega_2\,\rho_1]$$

これが逆不変性である.

そこで, (2·89) を書きかえてみよう. まず, (2·85) によって

$$dP = [\omega_1, \omega_2]$$

e_2 の長さを r, e_2 が x_1 軸となす角を φ とすれば,

$$q_1 = r\cos\varphi, \qquad q_2 = r\sin\varphi$$

したがって $\qquad \rho_1 = de_2 \times e_2 = -r^2 d\varphi$

ゆえに $\qquad \boxed{dK = -r^2[dP, d\varphi]} \qquad (2·95)$

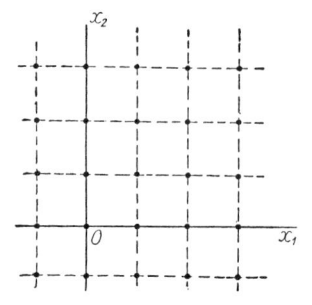

2.7 格子の測度

平面上で直角座標につき，座標が整数であるような点 (m, n) を考え，このような点を基本の格子点，基本の格子点の全体を**基本の格子**とよび，基本の格子を L_0 と名づける．次に基本の格子に，定まった同次アフィン変換

$$x_1' = p_1 x_1 + p_2 x_2, \quad x_2' = q_1 x_1 + q_2 x_2 \quad (2 \cdot 96)$$
$$(p_1 q_2 - p_2 q_1 = 1)$$

をほどこしてできる点の集まりを，**格子 L** とよび，格子に属する点をすべて**格子点**という．

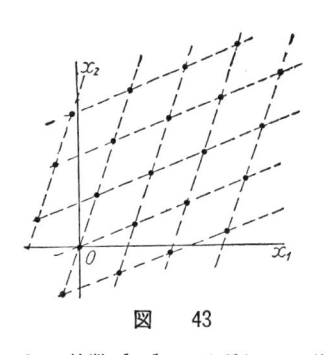

L_0 の格子点の中で，互に素であるような整数 m, n を座標にもつ点 (m, n) を**基本の原始格子点**とよぶ．このとき，

$$mh - nk = 1$$

となる整数 h, k は必ずある．そうして，点 $(0, 0)$, (m, n), (k, k) をとなる3頂点にもつ平行四辺形の面積は1であり，すべての格子点はこの平行四辺形を各辺の方向に，それぞれの長さの整数倍だけずつ平行移動してできる平行四辺形の頂点である．基本の原始格子点の座標 m, n は互に素だから，原点とこの点の間には L_0 の格子点はない．

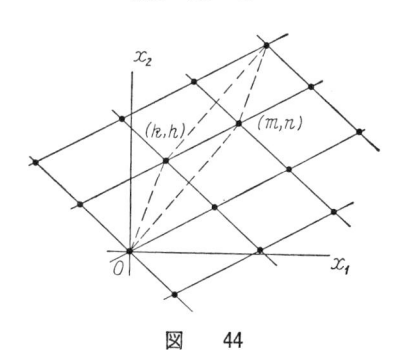

図 43

図 44

つぎに，L_0 に $(2 \cdot 96)$ をほどこしてのきる格子 L で，L_0 の基本の原始格子点から生じた点を L の**原始格子点**という．原始格子点と原点を結ぶ線分上には，L の格子点はもはや一つもない．

5.7 格子の測度

同次アフィン変換の中で，格子 L_0 に属する点を個々には動かすが，全体として変えないものは

$$x_1' = m_1 x_1 + m_2 x_2, \quad x_2' = n_1 x_1 + n_2 x_2 \qquad (2\cdot 97)$$

$$(m_1 n_2 - m_2 n_1 = 1, \quad m_1, m_2, n_1, n_2 \text{ は整数})$$

である．同次アフィン変換 (2·96) の全体は群をなす．これを G とする．また，G の中で (2·97) の形のアフィン変換の全体 G_0 も群をなす．一般に G の要素を g とし，これを格子 L にほどこしてできる格子を gL と書くことにすれば $g_0 \in G_0$ に対し $g_0 L_0 = L_0$．そこで G を部分群 G_0 で左剰余類 gG_0 に分けてできる商群 G/G_0 を考えると，各剰余類 gG_0 と，格子 gL_0 とを一対一に対応させて考えることができ，しかも G の任意の要素 g' を gL_0 にはたらかせてできる格子 $g'(gL_0)$ は，g' が剰余類 gG_0 にはたらいてできる剰余類 $(g'g)G$ に対応している．この意味で gG_0 と gL_0 とを同一のものとみなして扱うことができる．つまり，格子 $L = gL_0$ の全体は等質空間 G/G_0 と考えてよい．(4·1 参照)

いま，格子 L の集まりがあるとき，L が L_0 から変換 (2·96) によって生じたものとすれば，$e_1 = (p_1, p_2), e_2 = (q_1, q_2)$ で定まる標構 (e_1, e_2) を L に対応させることができるが，この各々に対して一定の相対的の位置にある標構をとっても測度は変らない．そこで，格子 L の集まりがあって，個々の格子は 3 個の変数によって定まるとする．このとき，L_0 を L へ移すような変換 (2·96) の 3 変数の集まりをとって，これに対応する標構の測度 (2·89) を考え，これを格子の測度ときめることにする．

このようにして格子 L の測度は (2·95) により

$$dL = [\omega_1 \omega_2 \rho_1] = -r^2 [dP, d\varphi] \qquad (2\cdot 98)$$

で与えられる．

そこで，単一閉曲線 c があるとき，その囲む領域を D, 面積を S とする．D の中の任意の点 P を原始格子点にもつすべての格子を考え，つぎに P を c の内部で動かして，(2·98) を積分してみよう．まず，OPNM が面積 1 の平行四辺形となるように M, N をとり，つぎに，線分 MN 上に任意の点 S

をとれば，$\overrightarrow{\mathrm{OP}}=e_1$, $\overrightarrow{\mathrm{OS}}=e_2$ と考えると，P を原始格子点にもつすべての格子が考えられる．OS$=r$, OS が x_1 軸となす角が φ だから

$$-\frac{1}{2}\int_{S\in \mathrm{MN}} r^2\, d\varphi = \triangle\mathrm{OMN}\text{の面積}=\frac{1}{2}$$

ゆえに
$$\int_{\mathrm{P}\in D}\left(\int_{S\in\mathrm{MN}} -r^2 d\varphi\right) d\mathrm{P} = \int_{\mathrm{P}\in D} d\mathrm{P} = S \tag{2.99}$$

ところが，この積分では，同一格子でも，D 内にある原始格子点で一度ずつ数えているので，結局 D 内の原始格子点の数だけ重ねて格子の測度を計算しているわけである．そこで，格子 L の原始格子点であって，D 内にあるものの数を n とすると，(2.99) より

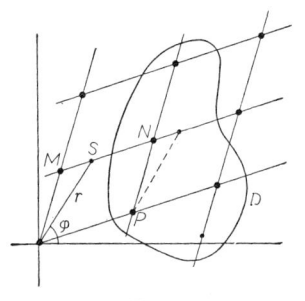

$$\int n\, d\mathrm{L} = S \tag{2.100}$$

図 45

となる．次に $\int d\mathrm{L}$ を計算しよう．そのため，まず D 内の格子点の総数を N とし，$\int N\, d\mathrm{L}$ を考える．

まず，L_0 の格子点で座標 (m, n) の最大公約数が i であるようなものを考え，これから変換 (2.96) で生ずる L の点を第 i 格子点とよび，D 内の第 i 格子点の数を n_i とする．原点を中心として $\frac{1}{i}$ に縮小して考えると，第 i 格子点は原始格子点になる．そして，第 i 格子点が D 内にあることは，対応する原始格子点が D を $\frac{1}{i}$ 倍に縮小した領域 D_i 内にあることと同等である．D_i の面積は $\frac{1}{i^2}S$ だから，(2.100) により

$$\int n_i\, d\mathrm{L} = \frac{1}{i^2} S$$

ところが
$$N = n_1 + n_2 + n_3 + \cdots$$

$$\frac{\pi^2}{6} = \frac{1}{1^2} + \frac{1}{2^2} + \frac{1}{3^2} + \cdots \quad \text{(髙木貞治，解析概論 p.271)}$$

2·7 格子の測度

だから

$$\int N d\mathrm{L} = \frac{\pi^2}{6} S. \tag{2·101}$$

D を，原点を中心とし半径 r の円にとれば，

$$\lim_{r\to\infty} \frac{N}{S} = 1$$

である．このことは，この円と格子を $\frac{1}{r}$ 倍に縮小して考えると，面積 $\frac{1}{r^2}$ の平行四辺形を N 個集めたもので円の面積が近似でき，$r\to\infty$ とすると $N\cdot\frac{1}{r^2}$ が円の面積 π に近づくことからわかる．したがって (2·101) より

$$\int d\mathrm{L} = \frac{\pi^2}{6} \tag{2·102}$$

(2·101) (2·102) を合せて

$$\bar{n} = \int n d\mathrm{L} \Big/ \int d\mathrm{L} = \frac{6}{\pi^2} S \tag{2·103}$$

つまり，D 内にある原始格子点の数 n のすべての格子についての平均をとると，$\frac{6}{\pi^2} S$ である．

これを応用して，一つの定理を証明しよう．領域 D 内の点 O から出るすべての半直線がこの D の周とただ一点で交わるとき，D を O に関して星領域であるという．D の面積を S とし，$S < \frac{\pi^2}{6}$ なら (2·103) より $\bar{n} < 1$．ゆえに面積が $\frac{\pi^2}{6}$ より小さいような，点 O についての星領域があると，O を格子点にもつ格子の中で，この星領域内に格子点を O 以外に一つももたないようなものが存在する．[**Minkowski–Hlawka の定理**]

第 3 章 ユークリッド空間の積分幾何

3.1 空間の動標構

第1章で述べたことは，n 次元のユークリッド空間でも同じように考えられる．これを行列を用いて取扱ってみよう．空間で直角座標の原点を P^0, 座標軸上にとった単位ベクトルを $e_1^0, \cdots, e_n^0$ とし，この直角標構 $P^0, e_1^0, \cdots, e_n^0$ にある変位をほどこしてできる直角標構の原点を P, 軸を $e_1, \cdots, e_n$ とすれば

$$P = P^0 + \sum_{i=1}^{n} x_i e_i^0, \quad e_i = \sum_{j=1}^{n} t_{ij} e_j^0 \quad (i=1,\cdots,n) \tag{3.1}$$

ここに (t_{ij}) は正規直交行列で，$(e_i, e_j) = \delta_{ij} = \begin{cases} 1 & (i=j) \\ 0 & (i \neq j) \end{cases}$ \tag{3.2}

そこで

$$R = \begin{pmatrix} P \\ e_1 \\ \vdots \\ e_n \end{pmatrix}, \quad R_0 = \begin{pmatrix} P^0 \\ e_1^0 \\ \vdots \\ e_n^0 \end{pmatrix}, \quad T = \begin{pmatrix} 1 & x_1 & \cdots & x_n \\ 0 & t_{11} & \cdots & t_{1n} \\ \vdots & \vdots & & \vdots \\ 0 & t_{n1} & \cdots & t_{nn} \end{pmatrix} \tag{3.3}$$

とおくと，(3.1) は

$$R = TR_0 \tag{3.4}$$

ここに，R, R_0 はベクトルを要素にもつ行列であるが，その計算はふつうの数を要素にもつ行列のときと同じようにする．

そこで，x_i, t_{ij} $(i,j=1,\cdots,n)$ がいくつかの変数の微分可能な関数とし，(3.4) の微分をとると $dR = dT \cdot R_0$. T の逆行列を T^{-1} とすると $R_0 = T^{-1} R$. したがって

$$dR = (dT \cdot T^{-1}) R \tag{3.5}$$

そこで，

$$dT \cdot T^{-1} = \Omega = \begin{pmatrix} 0 & \omega_1 & \cdots & \omega_n \\ 0 & \omega_{11} & \cdots & \omega_{1n} \\ \vdots & \vdots & & \vdots \\ 0 & \omega_{n1} & \cdots & \omega_{nn} \end{pmatrix} \tag{3.6}$$

とおけば，(3.5) は

$$dP = \sum_{i=1}^{n} \omega_i e_i, \quad de_i = \sum_{j=1}^{n} \omega_{ij} e_j \quad (i=1,\cdots,n) \tag{3.7}$$

と書ける．(3.2) によって

3・1 空間の動標構

$$\omega_i = (dP, e_i), \quad \omega_{ij} = (de_i, e_j) \tag{3・8}$$

$(e_i, e_j) = 0$ の微分をとれば，$(de_i, e_j) + (e_i, de_j) = 0$．(3・5) を代入して

$$\omega_{ij} + \omega_{ji} = 0 \quad \text{とくに} \quad \omega_{ii} = 0 \tag{3・9}$$

ω_i, ω_{ij} を標構 R の集まりの**相対成分**という．これは R に一定の変位をほどこしたものの集まりに対しても同一であることは，(3・6) からわかるが，次のようにしてもわかる．R に一定の変位をほどこしたものが $\bar{R}$ であるとすれば，これは基本の標構 R_0 に一定の変位 C をほどこした $\bar{R}_0 = CR_0$ に，変位 T をほどこしたものであって，

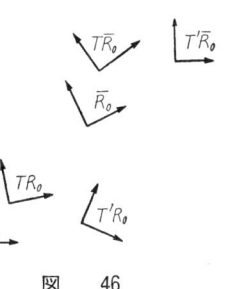

$$\bar{R} = T(CR_0) = (TC)R_0$$

図 46

したがって $\qquad d\bar{R} = \bar{\Omega}\bar{R}$
とおけば $\qquad \bar{\Omega} = d(TC)(TC)^{-1} = dT \cdot C \cdot C^{-1}T^{-1} = dT T^{-1}$
となって $\qquad \bar{\Omega} = \Omega$.

相対成分 ω_i, ω_{ij} の間には，(3・8) の他にさらに

$$d\omega_i = \sum_{j=1}^{n} [\omega_j, \omega_{ji}], \quad d\omega_{ij} = \sum_{k=1}^{n} [\omega_{ik}, \omega_{kj}] \quad (i, j = 1, \cdots, n) \tag{3・10}$$

という関係式がある．これを**構造方程式**という．構造方程式はきわめて大切なものであるが，われわれは 3・4 に至ってはじめてこれを用いる．この式を証明しよう．まず (3・7) の両辺を外微分する．一次微分式を成分とするベクトル $dP, \sum_i \omega_i e_i$ 等を外微分するというのは，それらの成分を外微分したものを成分とするベクトルをつくることである．そうすれば $d(dP) = 0$ により

$$0 = d(\sum_i \omega_i e_i) = d(\sum_i e_i \omega_i) = \sum_i [de_i, \omega_i] + \sum_i e_i d\omega_i$$

(3・7) を de_i のところへ代入して $\quad 0 = \sum_i [\sum_j \omega_{ij} e_j, \omega_i] + \sum_i e_i d\omega_i$

e_i の係数を 0 とおくと $\quad d\omega_i = \sum_{j=1}^{n} [\omega_j, \omega_{ji}] \quad (i = 1, \cdots, n)$

同様に $d(de_i) = 0$ から (3・10) のあとの式が得られる．

つぎに，標構 $R = TR_0$ の代りに，これに変位

$$\bar{P} = P + \sum_{i=1}^{n} u_i e_i, \quad \bar{e}_i = \sum_{j=1}^{n} u_{ij} e_j \quad (i, j = 1, \cdots, n) \quad (u_{ij})\text{は正規直交行列}$$

をほどこしてできる標構 $\bar{R}$ を考える．ここに，u_i, u_{ij} はある変数の微分可能な函数とする．そこで，

$$\bar{R} = \begin{pmatrix} \bar{P} \\ \bar{e}_1 \\ \vdots \\ \bar{e}_n \end{pmatrix}, \quad U = \begin{pmatrix} 1 & u_1 & \cdots & u_n \\ 0 & u_{11} & \cdots & u_{1n} \\ & \cdots & \cdots & \\ 0 & u_{n1} & \cdots & u_{nn} \end{pmatrix} \tag{3.11}$$

とおくと $\qquad \bar{R} = UR = U(TR_0) = (UT)R_0$

さらに

$$d\bar{R} = \bar{\Omega}\bar{R}, \quad \bar{\Omega} = \begin{pmatrix} 0 & \bar{\omega}_1 & \cdots & \bar{\omega}_n \\ 0 & \bar{\omega}_{11} & \cdots & \bar{\omega}_{1n} \\ & \cdots & \cdots & \\ 0 & \bar{\omega}_{n1} & \cdots & \bar{\omega}_{nn} \end{pmatrix} \quad (\bar{\omega}_{ij} = -\bar{\omega}_{ji})$$

とおけば，(3.6) によって

$$\bar{\Omega} = d(UT) \cdot (UT)^{-1} = (UdT + dU \, T) \, T^{-1}U^{-1} = U(dTT^{-1})U^{-1} + dUU^{-1}$$

したがって，次の結果が得られる．

標構 R の集まりの相対成分の行列を Ω，標構 $\bar{R} = UR$ の集まりの相対成分の行列を $\bar{\Omega}$ とすれば，

$$\bar{\Omega} = U\Omega U^{-1} + dUU^{-1} \tag{3.12}$$

これはきわめて応用の広い式である．つぎに体積に関して，その応用例を示そう．

点の測度（体積） (3.11) において，U を原点を変えない変位，つまり P のまわりの回転にとれば，$u_1 = 0, u_2 = 0, \cdots, u_n = 0$. いま，

$$(\omega_1, \omega_2, \cdots, \omega_n) = \omega, \quad (\bar{\omega}_1, \bar{\omega}_2, \cdots, \bar{\omega}_n) = \bar{\omega}$$

$$(u_{ij}) = U_0, \quad (\omega_{ij}) = \Omega_0, \quad (\bar{\omega}_{ij}) = \bar{\Omega}_0 \quad (i, j = 1, \cdots, n)$$

とおいて，(3.12) を計算すれば

$$\bar{\omega} = \omega U_0^{-1}, \quad \bar{\Omega}_0 = U_0 \Omega_0 U_0^{-1} + dU_0 \, U_0^{-1}$$

$U_0^{-1} = {}^t U_0$ だから $\qquad \bar{\omega}_i = \sum_{j=1}^{n} \omega_j u_{ij} \quad (i = 1, \cdots, n)$

3・1 空間の動標構

そこで点 P の集まりに対して，これらを原点とする直角標構の集まりを考えるとき，その相対成分の中で，$\bar{P}$ のまわりの標構の回転で一次変換をうけるものが $\omega_1, \omega_2, \cdots, \omega_n$ である．これを点の主相対成分という．(u_{ij}) は正規直交行列だから
$$[\bar{\omega}_1 \bar{\omega}_2 \cdots \bar{\omega}_n] = [\omega_1 \omega_2 \cdots \omega_n]$$
ゆえに，これは点の集まりの測度の素片であり，相対成分が変位に対して不変なことから，この測度素片も変位に対し不変である．これが体積素片であることは，次のようにしてわかる．

(3・3) によれば，$P = (x_1 \cdots x_n)$, $e_i = (t_{i1}, \cdots, t_{in})$,

したがって $\omega_i = (dP, e_i) = \sum_{j=1}^n t_{ij} dx_j$ となり

$$[\omega_1 \cdots \omega_n] = [\sum_{i=1}^n t_{1i} dx_i, \cdots, \sum_{i=1}^n t_{ni} dx_i] = |t_{ij}| [dx_1, \cdots, dx_n] = [dx_1, \cdots, dx_n]$$

つぎに立体の体積を求める一つの一般公式を (3・12) を応用して導いてみよう．いま，変数 t の連続的微分可能な函数 $a_1(t), \cdots, a_n(t), k(t)$ をとり，$(n-1)$ 次元の平面 $a_1 x_1 + \cdots + a_n x_n = k$ を考え，これが体積 V の立体と交わっていて，これらの平面のどの二つも，この立体内では交わらないとする．そこで，各平面上に点 $P = P(t)$ をとってこれが連続的微分可能とし，さらに各平面の法線単位ベクトルを $e_n = e_n(t)$ として，直角標構 $R = (P, e_1, \cdots, e_{n-1}, e_n)$ を，$e_1, \cdots, e_{n-1}$ が t について連続的微分可能となるようにとる．（そのようにとれることは，はじめに e_n と共に独立となる $n-1$ 個の連続的微分可能なベクトル $\mathfrak{a}_1, \cdots, \mathfrak{a}_{n-1}$ を任意にとり，これを直交化する方法をとればよい）．この標構 R の相対変化を (3・7) で表わせば，相対成分 ω_i, ω_{ij} は一変数 t と dt をふくむだけである．そこで，R を，原点が切口の平面上にあるように平行移動したものを $\bar{R}$ とすれば，その変位は

$$\bar{P} = P + u_1 e_1 + \cdots + u_{n-1} e_{n-1}, \quad \bar{e}_i = e_i \quad (i = 1, \cdots, n)$$

で表わされ，(3・11) の U では $u_n = 0$, $u_{ij} = \delta_{ij}$ ($i, j = 1, \cdots, n$) となる．(3・12) によって $\bar{R}$ の原点 $\bar{P}$ の主相対成分 $\bar{\omega}_i$ を計算すれば，

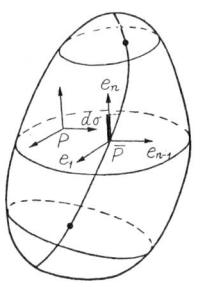

図 47

$$\bar{\omega}_i = du_i + \omega_i + \sum_{j=1}^{n-1} u_j \omega_{ji} \quad (i=1,\cdots,n-1)$$

$$\bar{\omega}_n = \omega_n + \sum_{i=1}^{n-1} u_i \omega_{in}$$

ω_i, ω_{ij} が, t, dt しかふくまないことから, $\bar{P}$ の体積素片は

$$dV = [\bar{\omega}_1 \cdots \bar{\omega}_n] = [du_1, \cdots, du_{n-1}, \ \omega_n + \sum_{i=1}^{n-1} u_i \omega_{in}] \qquad (3\cdot13)$$

さて, 切口の平面上で $(u_1, u_2, \cdots u_{n-1})$ はその上の点 $\bar{P}$ の直角座標である. この切口の $(n-1)$ 次元の体積を v とし, 切口についての積分

$$p_i = \frac{1}{v} \int u_i \, du_1 \cdots du_{n-1} \quad (i=1,\cdots,n-1)$$

を考えるとき, 点 $(p_1, p_2, \cdots, p_{n-1})$ を切口の図形の**重心**という. ($n-1=2,3$ のときの重心の定義の拡張). そこで, いま切口の重心の軌跡としてできる線が変数 t について連続的微分可能とし, はじめから標構 R の原点 P がここにとってあったとすれば, $p_i = 0$ である. したがって, 求める立体の体積は $(3\cdot13)$ により

$$V = \int du_1 \cdots du_{n-1} \, \omega_n = \int v \, \omega_n$$

ここに $\omega_n = (dP, e_n)$ だから, ω_n は P の軌跡の曲線の線素について, 切口の平面の法線方向への直角成分をとったものである. これを $d\sigma$ とおいて, 結局次の結果が得られる.

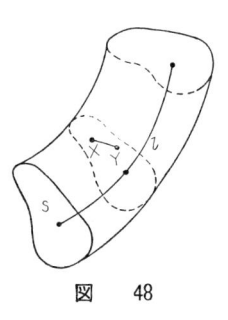

$$V = \int v \, d\sigma \qquad (3\cdot14)$$

ここに, v は切口の $(n-1)$ 次元の体積, $d\sigma$ は切口の重心の軌跡の線素の, 切口の法線方向への成分である.

$n=2$ の場合は $(1\cdot4)$ で述べた. $n=3$ のときは, v は切口の面積である. $(3\cdot14)$ がとくに簡単になる場合を述べよう. 上に述べた切口に対し, これらのすべてに垂直に交わる線が二つあって, 同一の切口と交わる二

図　48

3·2 平面の測度

点を X, Y とすれば, dX, dY は X$-$Y に垂直だから
$$d(\mathrm{X}-\mathrm{Y},\mathrm{X}-\mathrm{Y})=2(d(\mathrm{X}-\mathrm{Y}),\ \mathrm{X}-\mathrm{Y})$$
$$=2(d\mathrm{X},\mathrm{X}-\mathrm{Y})-2(d\mathrm{Y},\mathrm{X}-\mathrm{Y})=0$$

ゆえに二点 X, Y の距離の平方 (X$-$Y, X$-$Y) は一定である．したがって，これらの平面に直交する線からつくられた立体の切口はすべて合同で，切口の重心の軌跡も切口に垂直である．このような立体から切口の二平面できりとってできる立体の体積を V, 切口の面積を S, 重心の軌跡の長さを l とすれば，S が一定，$d\sigma$ が重心の軌跡の線素であることから，(3·14) によって

$$\boxed{V = Sl}$$

このような立体を管とよぶことにする．とくに切口が円の管，つまり円管の体積は切口の面積に管の長さをかけたものになっている．回転体の体積に関する著名な Guldin-Pappus（ギュルダン–パプス）の定理は，上の公式の特別な場合である．

n 次元空間で k 次元の曲面を考え，その上の点 P での法平面（$n-k$ 次元）上で P を中心として ($n-k$) 次元の半径一定の球を書く．このような球全体は一つの立体をつくるが，その体積は，この k 次元の曲面をどう曲げても変らないというきわめて興味ある結果も H. Weyl（ワイル）によって得られているが，その証明にはリーマン幾何の知識を必要とするので，ここでは述べない．

3.2 平面の測度

n 次元ユークリッド空間で原点をとおる k 次元 ($1 \leq k \leq n-1$) の平面 E_k の集まりを考えよう．その平面上に単位直交系 $e_1, \cdots, e_k$ をとり，その外に，$e_{k+1}, \cdots, e_n$ をとって，R$=(e_1, \cdots, e_k, e_{k+1}, \cdots, e_n)$ が直角標構になるようにする．標構 R の集まりに対して

$$de_i = \sum_{j=1}^{n} \omega_{ij} e_j \qquad (\omega_{ij} = -\omega_{ji})$$

とする．そこで，

$$\bar{e}_\alpha = \sum_{\beta=1}^{k} u_{\alpha\beta}\, e_\beta, \quad \bar{e}_\lambda = \sum_{\mu=k+1}^{n} u_{\lambda\mu}\, e_\mu \quad \begin{pmatrix} \alpha = 1, \cdots, k \\ \lambda = k+1, \cdots, n \end{pmatrix}$$

$$U_1 = (u_{\alpha\beta}), \quad U_2 = (u_{\lambda\mu}) \text{ は正規直交行列}$$

として, $R = (e_1, \cdots, e_n)$ から $\bar{R} = (\bar{e}_1, \cdots, \bar{e}_n)$ への直交変換を考える. $R, \bar{R}$ の相対成分の行列をそれぞれ $\Omega_0, \bar{\Omega}_0$ とすれば, (3·12) によって

$$\bar{\Omega}_0 = U_0 \Omega_0 U_0^{-1} + d U_0 U_0^{-1} \quad \text{ここに} \quad U_0 = \begin{pmatrix} U_1 & 0 \\ 0 & U_2 \end{pmatrix} \quad (3\cdot15)$$

そこで
$$\Omega_1 = (\omega_{\alpha\beta}), \quad \Omega_2 = (\omega_{\lambda\mu}), \quad \Lambda = (\omega_{\alpha\lambda}) \quad \begin{pmatrix} \alpha, \beta = 1, \cdots, k \\ \lambda, \mu = k+1, \cdots, n \end{pmatrix}$$
$$\bar{\Omega}_1 = (\bar{\omega}_{\alpha\beta}), \quad \bar{\Omega}_2 = (\bar{\omega}_{\lambda\mu}), \quad \bar{\Lambda} = (\bar{\omega}_{\alpha\lambda})$$

とおけば

$$\Omega_0 = \begin{pmatrix} \Omega_1 & \Lambda \\ -{}^t\Lambda & \Omega_2 \end{pmatrix}, \quad \bar{\Omega}_0 = \begin{pmatrix} \bar{\Omega}_1 & \bar{\Lambda} \\ -{}^t\bar{\Lambda} & \bar{\Omega}_2 \end{pmatrix}$$

ここに ${}^t\Lambda, {}^t\bar{\Lambda}$ は $\Lambda, \bar{\Lambda}$ の転置行列である. そうすれば, (3·15) によって

$$\bar{\Lambda} = U_1 \Lambda U_2^{-1} \tag{3·16}$$
$$\bar{\Omega}_1 = U_1 \Omega_1 U_1^{-1} + dU_1 U_1^{-1}, \qquad \bar{\Omega}_2 = U_2 \Omega_2 U_2^{-1} + dU_2 U_2^{-1}$$

したがって, $\Lambda = (\omega_{\alpha\lambda})$ は標構の変換 $R \to \bar{R} = U_0 R$ によって一次変換をうける. この $\omega_{\alpha\lambda}$ ($\alpha = 1, \cdots, k; \lambda = k+1, \cdots, n$) を平面 E_k の集まりの**主相対成分**という. 行列 $\bar{\Lambda} = (\bar{\omega}_{\alpha\lambda})$ とその転置 ${}^t\bar{\Lambda}$ をかけると (要素である一次微分式 $\bar{\omega}_{\alpha\lambda}$ の乗法は, 外積でなくふつうの積とする), (3·16) によって

$${}^t\bar{\Lambda}\,\bar{\Lambda} = {}^t(U_1 \Lambda U_2^{-1})(U_1 \Lambda U_2^{-1}) = {}^tU_2^{-1}\,{}^t\Lambda\,{}^tU_1 U_1 \Lambda U_2^{-1}$$

U_1, U_2 は直交行列だから ${}^tU_1 U_1$ は単位行列, ${}^tU_2^{-1} = U_2$ で

$${}^t\bar{\Lambda}\,\bar{\Lambda} = U_2 ({}^t\Lambda\Lambda) U_2^{-1}$$

一般に行列 $A, \bar{A}$ の間に $\bar{A} = UAU^{-1}$ という関係があれば, 単位行列 E と任意の λ に対し, $\bar{A} - \lambda E = U(A - \lambda E)U^{-1}$. その行列式をとって $|\bar{A} - \lambda E| = |A - \lambda E|$. したがって, A から $\bar{A}$ への変換で, λ の整式 $|A - \lambda E|$ の係数として出てくる式は不変である. とくに λ^{n-1} の係数をしらべれば, A の跡 (対角線上の要素の和) は $\bar{A}$ の跡に等しい. ゆえに変換 (3·16) に対して, ${}^t\Lambda\Lambda$ の跡, したがって Λ の要素の平方の和は不変である. つまり

$$\sum_{\alpha, \lambda} \bar{\omega}_{\alpha\lambda}{}^2 = \sum_{\alpha, \lambda} \omega_{\alpha\lambda}{}^2 \quad \begin{pmatrix} \alpha = 1, \cdots, k \\ \lambda = k+1, \cdots, n \end{pmatrix}$$

3・2 平面の測度

したがって $\omega_{\alpha\lambda}$ から $\bar{\omega}_{\alpha\lambda}$ へ移る一次変換は直交変換で

$$[\prod_{\alpha,\lambda} \bar{\omega}_{\alpha\lambda}] = \pm [\prod_{\alpha,\lambda} \omega_{\alpha\lambda}] \tag{3.17}$$

ここに,各辺はそれぞれ $(n-k)k$ 個の微分式 $\bar{\omega}_{\alpha\lambda}, \omega_{\alpha\lambda}$ の外積を意味する.もとの直交変換 U_1, U_2 が正規直交変換であれば,これは恒等変換から連続的に変れるのだから,(3・17) で+のほうになる.このようにして

$$dE_k = [\prod_{\alpha,\lambda} \omega_{\alpha\lambda}] \tag{3.18}$$

は,平面 E_k の集まりで定まるものであって,これに対応してとった標構のとりかたには無関係である.したがって,これが原点をとおる k 次元の平面 E_k の集まりの不変測度の素片である.

とくに $n=3$ のときは, $dE_1 = [\omega_{12}, \omega_{13}]$, $dE_2 = [\omega_{13}, \omega_{23}]$
これはすでに 2・2 で述べたことである.

また,$k=1$ のときは $\quad dE_1 = [\omega_{12}\,\omega_{13}\cdots\omega_{1n}]$

これは,e_1 の端点のえがく球面の面積素片である.それは,p.36 と同様に,次のようにしてわかる. $e_i\,(i=1,\cdots,n)$ の直角成分を $(p_{i1},\cdots p_{in})$ とし,とくに $p_{1i} = x_i$ とおけば $\omega_{1i} = (de_1, e_i) = \sum_{j=1}^{n} p_{ij}\,dx_j$ により

$$dE_1 = x_1[dx_2\cdots dx_n] - x_2[dx_1\,dx_3\cdots dx_n] + \cdots + (-1)^{n-1}x_n[dx_1\cdots dx_{n-1}]$$

とくに,$e_1 = (0,0,\cdots,1)$ の所では $dE_1 = (-1)^{n-1}[dx_1\cdots dx_{n-1}]$ となって確かに球面の面素になる.

半径1の球面(面としては $n-1$ 次元)の全表面積を I_{n-1} とすれば

$$I_{n-1} = 2\pi^{\frac{n}{2}} \Big/ \Gamma\!\left(\frac{n}{2}\right) \qquad \text{(高木貞治,解析概論 p.453)}$$

であることがわかっている.

また $k=n-1$ のときは $\quad dE_{n-1} = [\omega_{n1}\,\omega_{n2}\cdots\omega_{n\,n-1}] \tag{3.19}$

これは,平面の法線単位ベクトル e_n の端点がえがく球面の面素である.

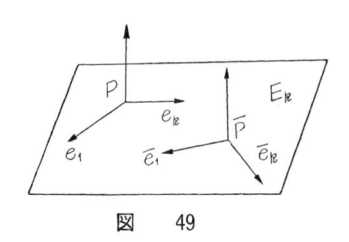

次にユークリッド空間で，一般の平面の測度を考えよう．k 次元の平面 E_k の集まりを考え，その上に原点 P, 単位直交系 $e_1, \cdots, e_k$ をおくような直角標構 $R = (P, e_1, \cdots, e_k, e_{k+1}, \cdots, e_n)$ をとり，その相対変位を

図 49

$$dP = \sum_{i=1}^{n} \omega_i e_i, \qquad de_i = \sum_{j=1}^{n} \omega_{ij} e_j \qquad (\omega_{ij} = -\omega_{ji})$$

とする．つぎに，この平面内で P, $e_1, \cdots, e_k$ を動かしてできる直角標構を $\bar{R} = (\bar{P}, \bar{e}_1, \cdots, \bar{e}_k, \bar{e}_{k+1}, \cdots, \bar{e}_n)$ とすれば

$$\bar{P} = P + \sum_{\alpha=1}^{k} u_\alpha e_\alpha, \quad \bar{e}_\alpha = \sum_{\beta=1}^{k} u_{\alpha\beta} e_\beta, \quad \bar{e}_\lambda = \sum_{\mu=k+1}^{n} u_{\lambda\mu} e_\mu$$

$$(\alpha, \beta = 1, \cdots, k; \; \lambda, \mu = k+1, \cdots, n)$$

そこで $\bar{R} = (\bar{P}, \bar{e}_1, \cdots, \bar{e}_k, \bar{e}_{k+1}, \cdots, \bar{e}_n)$ の相対成分を $\bar{\omega}_i, \bar{\omega}_{ij}$ とおく．(3.12) によれば $\bar{\Omega} U = U\Omega + dU$

回転部分は p.66 の記号を用いて，これを書くと

$$\begin{pmatrix} 0 & \bar{\omega}_1 \cdots \bar{\omega}_n \\ & \\ 0 & \bar{\Omega}_0 \end{pmatrix} \begin{pmatrix} 1 & u_1 \cdots u_k & 0 \cdots 0 \\ 0 & U_1 & 0 \\ 0 & 0 & U_2 \end{pmatrix}$$

$$= \begin{pmatrix} 1 & u_1 \cdots u_k & 0 \cdots 0 \\ 0 & U_1 & 0 \\ 0 & 0 & U_2 \end{pmatrix} \begin{pmatrix} 0 & \omega_1 \cdots \omega_n \\ & \\ 0 & \Omega_0 \end{pmatrix} + \begin{pmatrix} 0 & du_1 \cdots du_k & 0 \cdots 0 \\ 0 & dU_1 & 0 \\ 0 & 0 & dU_2 \end{pmatrix}$$

第一行を計算すれば

$$\sum_{\beta=1}^{k} \bar{\omega}_\beta u_{\beta\alpha} = \omega_\alpha + \sum_{\beta=1}^{k} u_\beta \omega_{\beta\alpha} + du_\alpha \tag{3.20}$$

$$\sum_{\mu=k+1}^{n} \bar{\omega}_\mu u_{\mu\lambda} = \omega_\lambda + \sum_{\beta=1}^{k} u_\beta \omega_{\beta\lambda} \tag{3.21}$$

したがって，平面 E_k の集まりでは，$\omega_\lambda, \omega_{\alpha\lambda}$ $(\alpha = 1, \cdots k; \lambda = k+1, \cdots, n)$ が主相対成分で，かつ (3.21) から

3.2 平面の測度

$$[\prod_\lambda \bar{\omega}_\lambda] = [\prod_\lambda \omega_\lambda] + (\omega_{\alpha\lambda} \text{ をふくむ項})$$

したがって (3.17) により $[\prod_\lambda \bar{\omega}\ \prod_{\alpha,\lambda} \bar{\omega}_{\alpha\lambda}] = [\prod_\lambda \omega_\lambda \prod_{\alpha,\lambda} \omega_{\alpha\lambda}]$

ゆえに，平面 E_k の集まりの不変測度素片は

$$dE_k = [\prod_\lambda \omega_\lambda \prod_{\alpha,\lambda} \omega_{\alpha\lambda}] \tag{3.22}$$

超平面の測度 $n-1$ 次元の平面を**超平面**という．e_n を法線方向にもつ超平面の測度は (3.22) から

$$dE_n = [\omega_n\ \omega_{1n}\ \omega_{2n}\cdots\omega_{n-1\,n}] \tag{3.23}$$

ところが $de_n = \omega_{n1} e_1 + \cdots + \omega_{n\,n-1} e_n$

だから $d\sigma = [\omega_{1n}\cdots\omega_{n-1\,n}] = (-1)^{n-1}[\omega_{n1}\cdots\omega_{n\,n-1}]$

は，原点 O からひいたベクトル e_n の端点のえがく球面の面積素片である．また，$(\mathrm{P}, e_n) = p$ は線分 OP の e_n 方向への正射影の長さであり，

$$dp = (d\mathrm{P}, e_n) + (\mathrm{P}, de_n) = \omega_n + (\mathrm{P}, de_n).$$

かつ $d\sigma$ は e_n の端点の座標だけで表わされるから

$$dE_{n-1} = [dp, d\sigma] \tag{3.24}$$

$n = 2$ のときの式が (1.6) である．

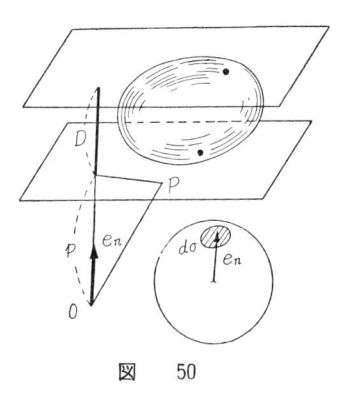

図 50

立体 K があって，これを二つの平行超平面で夾むとき，これらの超平面の間の距離を D とすれば，この立体に交わるすべての超平面の測度は，(3.24) より

$$\int dE_{n-1} = \int D\, d\sigma \tag{3.25}$$

直線の測度 (3.22) で $k=1$ のときは，

$$dE_1 = [\omega_2 \cdots \omega_n \quad \omega_{12} \cdots \omega_{1n}]$$

ここで
$$d\sigma = [\omega_{12} \cdots \omega_{1n}]$$

はこの直線の方向に原点からひいた単位ベクトル e_1 の先端の測度素片である.

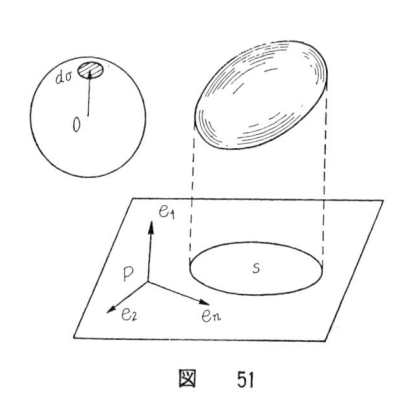

いま,直線の方向を一定にして,これに垂直な超平面を考え,その上に標構の頂点 P と $e_2, \cdots, e_n$ をとって考えれば,

$$ds = [\omega_2 \cdots \omega_n]$$

は P のえがく部分の $n-1$ 次元の面積素片である.そして

$$dE_1 = [ds, d\sigma]$$

図 51

立体があって,これの一直線に垂直な平面上への正射影の面積を s とすれば,この立体に交わるすべての直線の測度は

$$\int dE_1 = \int s\, d\sigma \tag{3.26}$$

3.3 位置の測度

はじめに,一点を固定した物体の位置の測度を考えよう.この固定点を原点とし,物体に固定した標構を考えて,これを $R = (e_1, e_2, \cdots, e_n)$ とし,

$$dR = \Omega R, \quad \Omega = (\omega_{ij})$$

とおけば,この物体の位置の不変測度の素片は,ω_{ij} ($i < j$; $i, j = 1, \cdots n$) の全体の外積

$$dK = [\prod_{i<j} \omega_{ij}] \tag{3.27}$$

で与えられる.そこで,これが 1·4 で述べたような不変性をもつことを証明しよう.

(i) 変位に対する不変性.これは相対成分の不変性から出る.

3·3 位置の測度

(ii) 選択に対する不変性．この物体に固定した標構を R でなく，別のものの $\bar{R}$ にとれば，$\bar{R}=CR$ (C は一定の正規直交行列)．そこで，R, $\bar{R}$ の相対成分の行列をそれぞれ Ω, $\bar{\Omega}$ とすれば，(3·12) により

$$\bar{\Omega}=C\Omega C^{-1} \qquad (3\cdot 28)$$

p.66 の論法により，行列 $\bar{A}, A$ の間に $\bar{A}=CAC^{-1}$ という関係があれば，$|A-\lambda E|$ を λ の整式とみたときの各次の係数はこの変換で不変である．λ^{n-2} の係数は A の2次の主行列式（対角線行列式）の和の $(-1)^{n-2}$ 倍であるから，これを行列式 Ω に適用すれば，$\sum_{i<j}\begin{vmatrix} 0 & \omega_{ij} \\ -\omega_{ij} & 0 \end{vmatrix}=\sum_{i<j}\omega_{ij}^2$ が不変である．つまり

$$\sum_{i<j}\bar{\omega}_{ij}{}^2=\sum_{i<j}\omega_{ij}{}^2, \quad \text{ゆえに} \quad [\prod_{i<j}\bar{\omega}_{ij}]=[\prod_{i<j}\omega_{ij}] \qquad (3\cdot 29)$$

(iii) 逆不変性．基本の標構を R_0, $R=TR_0$, $dR=\Omega R$ とすれば

$$\Omega=dT\cdot T^{-1}$$

逆に，R から R_0 を見るときは，$\qquad R_0=T^{-1}R$

その微小相対変位を考え，相対成分の行列を $\bar{\Omega}$ とすれば，

$$\bar{\Omega}=d(T^{-1})(T^{-1})^{-1}=d(T^{-1})T$$

ところが $T^{-1}T=E$ (単位行列) の微分をとれば $d(T^{-1})T+T^{-1}dT=0$

ゆえに $\qquad \bar{\Omega}=-T^{-1}dT=-T^{-1}(dTT^{-1})T$

つまり $\qquad \bar{\Omega}=-T^{-1}\Omega T$

(3·28) との比較によって，(ii) と同様に (3·27) が符号を除いては不変なことがわかる．

次に (3·27) を応用上便利な形に分解してみよう．まず原点をとおる k 次元の平面 E_k と，これに垂直な平面 E_{n-k} をとり，E_k 上に $e_1,\cdots,e_k$ をおく直角標構 $(e_1,\cdots,e_n)$ をつくれば，$e_{k+1},\cdots,e_n$ は E_{n-k} 上にある．E_k, E_{n-k} の不変測度素片は共に

$$dE_k=\left[\prod_{\alpha\lambda}\omega_{\alpha\lambda}\right] \qquad \begin{pmatrix}\alpha=1,\cdots\cdots,k \\ \lambda=k+1,\cdots,n\end{pmatrix}$$

であり，E_k を固定したとき（したがって E_{n-k} も固定），E_k 上での $(e_1,\cdots,$

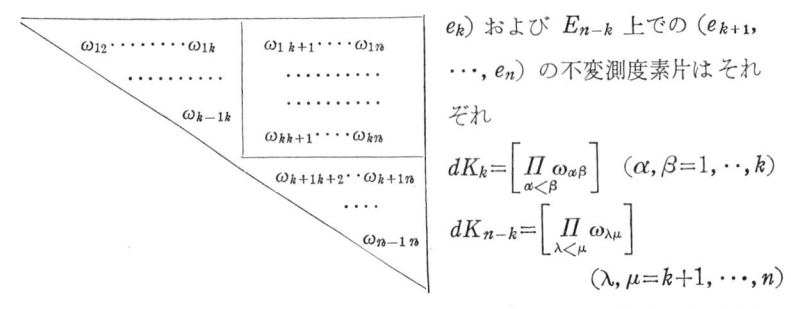

e_k) および E_{n-k} 上での $(e_{k+1}, \cdots, e_n)$ の不変測度素片はそれぞれ

$$dK_k = \left[\prod_{\alpha < \beta} \omega_{\alpha\beta} \right] \quad (\alpha, \beta = 1, \cdots, k)$$

$$dK_{n-k} = \left[\prod_{\lambda < \mu} \omega_{\lambda\mu} \right]$$
$$(\lambda, \mu = k+1, \cdots, n)$$

したがって, 標構 $(e_1, \cdots, e_n)$ の測度素片は (3・27) により（符号は無視する）

$$dK = [dK_k, dK_{n-k}, dE_k] \tag{3.30}$$

とくに, $k = n-1$ にとれば

$$dK = [dK_{n-1}, dE_{n-1}]$$

dE_{n-1} は (3・19) により, ベクトル e_n の先端のえがく球面の面素に等しい. この式を用いて, 位置の測度の全量 J_n が計算できる. すなわち

$$J_n = \int J_{n-1} d\sigma = J_{n-1} \int d\sigma = J_{n-1} I_{n-1}$$

ここに I_{n-1} は n 次元空間の単位球の表面積で $I_{n-1} = 2\pi^{\frac{n}{2}} / \Gamma\left(\frac{n}{2}\right)$

こうして

$$J_n = I_{n-1} I_{n-2} \cdots I_2 I_1$$

また, これを用いて, (3・30) を積分すると, E_k は二度ずつ出てくるから, E_k 全体の測度は

$$\int dE_k = \frac{J_n}{2 J_k J_{n-k}} \tag{3.31}$$

次に, ユークリッド空間での位置の測度を考えよう. 物体に固定した標構を $R = (P, e_1, e_2, \cdots, e_n)$ とし, その相対成分を ω_i, ω_{ij} とすれば, 位置の測度は

$$dK = \left[\prod_i \omega_i \prod_{i < j} \omega_{ij} \right] \quad (i, j = 1, \cdots, n) \tag{3.32}$$

で与えられる. これについてもまえに述べた不変性が成り立つ. まず, 変位に

3・4 曲　　面

よる不変性は明らかである．選択に対する不変性については，軸の変換（p.71 (ii)）の他に原点の移動を

$$\bar{P} = P + \sum_{i=1}^{n} c_i e_i \quad (c_i \text{ は定数})$$

で与えることにし，$\bar{R} = (\bar{P}, \bar{e}_1, \cdots, \bar{e}_n)$ の相対成分を $\bar{\omega}_i, \bar{\omega}_{ij}$ とすれば，p.69 と同様にして

$$[\prod_i \bar{\omega}_i] = [\prod_i \omega_i] + (\omega_{ij} \text{ をふくむ項})$$

したがって（3・29）により

$$[\prod_i \bar{\omega}_i \prod_{i<j} \bar{\omega}_{ij}] = [\prod_i \omega_i \prod_{i<j} \omega_{ij}]$$

最後に，逆不変性については，この場合にも p.71 (ii), (iii) と同じ関係式が成り立つので，選択に関する不変性から逆不変性が出る．

$[\prod_i \omega_i]$ は点 P の体積素片であるから，これを dV と書く．また，$[\prod_{i<j} \omega_{ij}]$ は回転の測度素片である．これを dK_0 と書けば，

$$dK = [dV, \ dK_0] \tag{3・33}$$

位置の測度はもっとちがったようにも分解される．たとえば，$n=3$ のとき

$$dK = [\omega_1 \omega_2 \omega_3 \omega_{12} \omega_{13} \omega_{23},] = [\omega_1, \omega_{23}, [\omega_2 \omega_3 \omega_{12} \omega_{13}]]$$

とすると，標構の原点 P をとおり，e_1 方向の直線の測度素片 $dE_1 = [\omega_2 \omega_3 \omega_{12} \omega_{13}]$，そのまわりの回転角の微分 $\omega_{23} = d\theta$，直線に沿っての平行移動の微分 $\omega_1 = ds$ を用いて

$$dK = [ds, d\theta, dE_1] \tag{3・34}$$

と書くことができる．

3・4　曲　　面

n 次元ユークリッド空間で，点の直角座標を $(x_1, \cdots, x_n)$ とする．別に，k 次元空間の単一連結な領域 D 内の点 $(u_1, \cdots, u_k)$ $(k < n)$ に対して C_2 級（2回連続的微分可能）の函数 $f_i(u_1, \cdots, u_k)$ があって，n 行 k 列の行列 $\left(\dfrac{\partial f_i}{\partial u_\alpha}\right)$ の階数が k のとき，同相写像

$$x_i = f_i(u_1, \cdots, u_k) \qquad (i=1, \cdots, n) \tag{3・35}$$

で定まる点集合を k 次元の曲面分という．いくつかの曲面分で覆われる点集合があって，二つの曲面分の共通部分では次のようになっているとき，この点集合を k 次元の曲面という．それは，共通部分の点が一方の曲面分については (3·35) で表わされ，他方については $x_i = g_i(v_1, \cdots, v_k)$ $(i=1, \cdots, n)$ と表わされるとすれば，$v_\alpha = \varphi_\alpha(u_1, \cdots, u_k)$; $(\alpha=1, \cdots, k)$，かつ φ_α が C_2 級の函数で，函数行列式 $\dfrac{\partial(\varphi_1, \cdots, \varphi_k)}{\partial(u_1, \cdots, u_k)} \neq 0$ であることである．また，この函数行列式がすべて正のとき，曲面は向きがついているという．

このように定義された k 次元の曲面 S の一つの曲面分で，その上の点を P とすれば，k 個のベクトル $\dfrac{\partial P}{\partial u_1}, \cdots, \dfrac{\partial P}{\partial u_k}$ は一次独立である．これを直交化してできる単位ベクトル $e_1, \cdots, e_k$ をつくり，これから直角標構 R=(P, $e_1, \cdots, e_n$) をつくる．その相対微小変化を

$$dP = \sum_{i=1}^{n} \omega_i e_i, \quad de_i = \sum_{j=1}^{n} \omega_{ij} e_j \quad (i=1, \cdots, n) \tag{3·36}$$

とおくと，$\qquad \omega_{ij} = -\omega_{ji} \qquad (i, j = 1, \cdots, n)$

また，$e_{k+1}, \cdots, e_n$ は曲面 S の法線だから

$$\omega_\lambda = (dP, e_\lambda) = 0 \quad (\lambda = k+1, \cdots, n) \tag{3·37}$$

一方，$\omega_1, \cdots, \omega_k$ は一次独立である．それは次のようにしてわかる．相対成分 ω_i, ω_{ij} は基本座標軸がどこにあっても同一であるから，いま S 上の一点 P を原点 P^0 とし，P^0 での標構を $e_1 = e_1^0, \cdots, e_n = e_n^0$ として考え，この標構に対して S 上の任意の点 P の座標を $(x_1, \cdots, x_n)$ とすれば，P^0 のところでは

$$\omega_i = (dP, e_i) = (dP, e_i^0) = dx_i \tag{3·38}$$

式 (3·37) によれば，$dx_\lambda = 0$ $(\lambda = k+1, \cdots, n)$．行列 $\left(\dfrac{\partial x_i}{\partial u_\alpha}\right)$ の階数が k という曲面分の性質は，座標軸のとりかたには関係しないから，行列式 $\left|\dfrac{\partial x_\beta}{\partial u_\alpha}\right|$ $(\alpha, \beta = 1, \cdots, k)$ が 0 でないことになる．したがって $\omega_\alpha = dx_\alpha$ は一次独立である．さらに (3·38) により $P = P_0$ では $\qquad [\omega_1 \cdots \omega_k] = [dx_1 \cdots dx_k]$

$[dx_1 \cdots dx_k]$ は P_0 での S の面積素片である．これを dS とおくと

$$dS = [\omega_1 \cdots \omega_k] \tag{3·39}$$

3·4 曲　面

また，
$$dL = [\prod_\alpha \omega_\alpha \prod_{\alpha<\beta} \omega_{\alpha\beta}] \quad (\alpha, \beta = 1, \cdots, k) \tag{3.40}$$

を曲面 S 上の**標構の測度**という．一般の曲面上では変位は考えないから，その不変性は問題にならない．

超曲面の主曲率　$(n-1)$ 次元の曲面を**超曲面**ともいう．これについては，上に述べてきたことで $k=n-1$ として考えればよい．したがって，$e_1, \cdots, e_{n-1}$ が超曲面 S の接平面上にあり，e_n が法線単位ベクトルで，(3·37) によって

$$\omega_n = 0 \tag{3.41}$$

構造方程式 (3·10) によれば，$d\omega_n = \sum_{j=1}^{n} [\omega_j, \omega_{jn}]$ だから

$$\sum_{a=1}^{n-1} [\omega_a, \omega_{an}] = 0. \tag{3.42}$$

ところが，$\omega_1, \cdots, \omega_{n-1}$ は一次独立であり，ω_{an} も超曲面をきめる $(n-1)$ 個の変数 $u_1, \cdots, u_{n-1}$ で表わされる一次微分式だから

$$\omega_{an} = \sum_{b=1}^{n-1} A_{ab} \omega_b \quad (a = 1, \cdots, n-1) \tag{3.43}$$

とおくことができる．そうすれば，(3·42) より

$$0 = \sum_a [\omega_a, \sum A_{ab} \omega_b] = \sum_{a,b} A_{ab} [\omega_a, \omega_b] = \sum_{a<b} (A_{ab} - A_{ba})[\omega_a, \omega_b]$$

$[\omega_a, \omega_b]$ は二次外微分式として一次独立だから

$$A_{ab} = A_{ba} \quad (a, b = 1, \cdots n-1) \tag{3.44}$$

つぎに，標構 $R = (P, e_1, \cdots, e_n)$ を法線 e_n のまわりにまわしたものを，$\bar{R} = (P, \bar{e}_1, \bar{e}_2, \cdots \bar{e}_n)$ とすれば

$$\bar{e}_a = \sum_b u_{ab} e_b, \quad \bar{e}_n = e_n \quad (a, b = 1, \cdots, n-1), \quad (u_{ab}) \text{ は直交行列}$$

$\bar{R}$ の微小変化の相対成分を $\bar{\omega}_i, \bar{\omega}_{ij}$ とし，$U_1 = (u_{ab})$,

$$\omega = (\omega_1, \cdots, \omega_{n-1}), \quad \Omega_1 = \begin{pmatrix} \omega_{11} \cdots \cdots \cdots \omega_{1\,n-1} \\ \cdots \cdots \cdots \\ \omega_{n-1\,1} \cdots \omega_{n-1\,n-1} \end{pmatrix}, \quad \rho = \begin{pmatrix} \omega_{1n} \\ \vdots \\ \omega_{n-1\,n} \end{pmatrix}$$

$\bar{R}$ の対応するものを $\bar{\omega}, \bar{\Omega}, \bar{\rho}$ とおけば，(3·12) により

$$\begin{pmatrix} 0 & \bar{\omega} & 0 \\ 0 & \bar{\Omega}_1 & \bar{\rho} \\ 0 & -{}^t\bar{\rho} & 0 \end{pmatrix} = \begin{pmatrix} 1 & 0 & 0 \\ 0 & U_1 & 0 \\ 0 & 0 & 1 \end{pmatrix} \begin{pmatrix} 0 & \omega & 0 \\ 0 & \Omega_1 & \rho \\ 0 & -{}^t\rho & 0 \end{pmatrix} \begin{pmatrix} 1 & 0 & 0 \\ 0 & U_1^{-1} & 0 \\ 0 & 0 & 1 \end{pmatrix}$$
$$+ \begin{pmatrix} 0 & 0 & 0 \\ 0 & dU_1 & 0 \\ 0 & 0 & 0 \end{pmatrix} \begin{pmatrix} 1 & 0 & 0 \\ 0 & U_1^{-1} & 0 \\ 0 & 0 & 1 \end{pmatrix} \tag{3.45}$$

この式から
$$\bar{\omega}=\omega U_1^{-1}, \quad \bar{\rho}=U_1\rho. \tag{3.46}$$

(3.43) によれば $\rho = A\,{}^t\omega$ ここに $A=(A_{ab})$

同様に $\bar{\rho}=\bar{A}\,{}^t\bar{\omega}$ ここに $\bar{A}=(\bar{A}_{ab})$ $\tag{3.47}$

とおけば, $A, \bar{A}$ はいずれも対称行列である. これを (3.46) の第 2 式に入れ, 第 1 式を参照すれば

$$\bar{A}U_1\,{}^t\omega = U_1 A\,{}^t\omega \quad \text{ゆえに} \quad \bar{A}U_1 = U_1 A$$

$$\bar{A} = U_1 A {}^t U_1 \tag{3.48}$$

A は対称行列だから, 直交行列 U_1 を適当にとれば, $\bar{A}$ を対角線行列にすることができる. そのようにすれば

$$\bar{A}_{aa} = -k_a, \quad \bar{A}_{ab}=0 \ (a \neq b) \tag{3.49}$$

この $k_1, \cdots, k_{n-1}$ を超曲面 S の点 P における**主曲率**といい, このときの $\bar{e}_1, \cdots, \bar{e}_{n-1}$ の方向を主方向という. $\bar{A}$ がこのようにとってあれば, $A = {}^tU_1 \bar{A} U_1$ により

$$A_{ab} = \sum_{c=1}^{n-1} u_{ca}\,u_{cb}\,k_c \tag{3.50}$$

超曲面の平均曲率の積分 超曲面の主曲率 $k_1, \cdots, k_{n-1}$ の基本対称式 $\sum k_a$, $\sum k_a k_b, \cdots, k_1 \cdots k_{n-1}$ をその項の数 $\binom{n-1}{1}, \binom{n-1}{2}, \cdots, \binom{n-1}{n-1}$ で割ったものを**平均曲率**という. 向きのついた曲面で, これに面積素片 dS をかけて曲面全体で積分したもの

$$M_1 = \frac{1}{n-1}\int \sum k_a\, dS, \quad M_2 = 1\Big/\binom{n-1}{2} \int \sum k_a k_b\, dS,$$
$$\cdots\cdots\cdots, \quad M_{n-1} = \int k_1 \cdots k_{n-1}\, dS \tag{3.51}$$

をこの超曲面の**平均曲率の積分**という．次に，$M_1, M_2, \cdots, M_{n-1}$ の一つの幾何学的の意味づけを述べよう．

超曲面 S 上の各点で，その一方の側へ一定の長さ r の法線をたて，その法線全体のつくる立体 $\sigma(r)$ の体積 $V(r)$ を考える．ただし，$\sigma(r)$ はこれらの法線で二重以上に覆われないように，r をとっておく．曲面 S 上の点 P での法線 e_n 上に一点 Q をとれば，

$$\mathrm{Q} = \mathrm{P} + t e_n$$

とおける．ゆえに (3·41) を用いて

$$d\mathrm{Q} = d\mathrm{P} + t de_n + dt\, e_n = \sum_{i=1}^n \omega_i e_i + t \sum_{i=1}^n \omega_{ni} e_i + dt \cdot e_n$$

$$= \sum_{a=1}^{n-1} (\omega_a + t\omega_{na}) e_a + dt \cdot e_n$$

ゆえに点 Q が動いてできる $\sigma(r)$ の体積は

$$V(r) = \int [\omega_1 + t\omega_{n1}, \omega_2 + t\omega_{n2}, \cdots, \omega_{n-1} + t\omega_{n\,n-1}, dt]$$

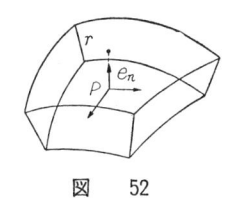

図 52

積分範囲は，P が曲面 S の全体を動き，t は 0 から r まで動く．これを，まず t で積分し，つぎに P を曲面上で動かして積分する．t で積分すれば，r の整式を得てその r^{i+1} の係数は

$$[\omega_{n1}\, \omega_{n2} \cdots \omega_{ni}\, \omega_{i+1} \cdots \omega_{n-1}] \qquad (3\cdot 52)$$

のような形の項の和の積分の $\dfrac{1}{i+1}$ 倍である．そこで，各点で $e_1, e_2, \cdots, e_{n-1}$ が超曲面の主方向となるようにとってあるとすれば，(3·43) (3·49) により

$$\omega_{na} = -\omega_{an} = k_a \omega_a \qquad (a = 1, \cdots, n-1) \qquad (3\cdot 53)$$

となり，(3·52) は

$$k_1 k_2 \cdots k_i [\omega_1 \omega_2 \cdots \omega_i\, \omega_{i+1} \cdots \omega_{n-1}] = k_1 k_2 \cdots k_i\, dS$$

となる．このような項の和の積分が $\binom{n-1}{i} M_i$ だから

$$V(r) = M_0 r + \frac{1}{n}\binom{n}{2} M_1 r^2 + \frac{1}{n}\binom{n}{3} M_2 r^3 + \cdots + \frac{1}{n} M_{n-1} r^n$$

$$(3\cdot 54)$$

ここに，M_0 は超曲面 S の表面積である．これが M_i の一つの意味である．

半径 r の球面については，
$$M_k = I_{n-1} R^{n-k-1} \tag{3.55}$$
それは，この球面の主曲率はすべて $\frac{1}{R}$ であることが証明できるから，これを用いても証明できるが，いま (3.54) を利用して出してみよう．半径 R の球面の外側へ半径 r の法線をたてれば，その先端は半径 $R+r$ の球面をなし，その囲む体積は

$$\frac{1}{n} I_{n-1}(R+r)^n = \frac{1}{n} I_{n-1} R^n + \frac{1}{n} I_{n-1} \binom{n}{1} R^{n-1} r + \frac{1}{n} I_{n-2} \binom{n}{2} R^{n-2} r^2$$
$$+ \cdots + \frac{1}{n} I_{n-1} r^n \tag{3.56}$$

これと (3.54) の比較から (3.55) が得られる．

(3.54) はもとの曲面が滑らかでないときも成り立つ．たとえば，3次元空間で左の図のように二つの4辺形と一つの5辺形を張り合せた面について，$V(r)$ を考えると，

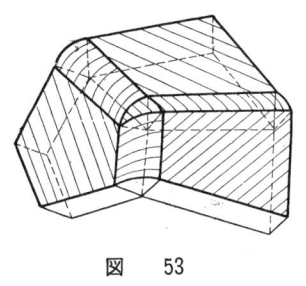

$$V(r) = Sr + Mr^2 + \frac{1}{3}\omega r^3$$

図　53

となる．ここに，S はこの面の面積，M は各辺（稜）の長さにそこでの稜角をかけて加えたもの，ω は図 53 の中央部にある球面の立体角である．

閉超曲面の全曲率　へりのない超曲面 S を考え，その各点で一方の側へ法線単位ベクトル e_n をつくり，一定点 O を起点としてベクトル e_n に属する矢をひけば，その先端 Q は単位球面上を動き，P が曲面 S の全体を動けば，Q は球面全体を何度か覆う．その覆う回数を次のようにしてきめる．これまでのように，$e_1, \cdots, e_{n-1}$ を点 P での接平面上にとると，

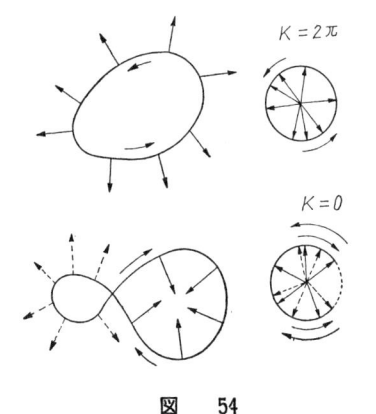

$$de_n = \omega_{n1} e_1 + \cdots + \omega_{n\,n-1} e_{n-1}$$

図　54

したがって，Q のえがく球面の面素は

3.4 曲面

$$d\sigma = [\omega_{n1}\,\omega_{n2}\cdots\omega_{nn-1}] \qquad (3\cdot57)$$

そこで，曲面全体にわたっての積分

$$K = \int d\sigma \qquad (3\cdot58)$$

を，この閉曲面の単位法線 e_n をその外へ向かうむきにとって，考えるものとする．この値 K は，n 次元空間の単位球（球面としては $n-1$ 次元）の表面積の整数倍になっている．K を超曲面 S の**全曲率**，また

$$K = \chi I_{n-1} \qquad (3\cdot59)$$

とおいて，χ をこの閉曲面の被覆度という．

閉超曲面が上に述べたもののように，滑らかでないときも，全曲率を次のように定義する．この曲面が，法線がひけて，これが連続的になっているようないくつかの曲面分からなるとし，この曲面分ではまえのように法線の球面表示をし，相となる曲面分の境ではその上の点で両方にひいた法線の間は単位ベクトルで埋め，

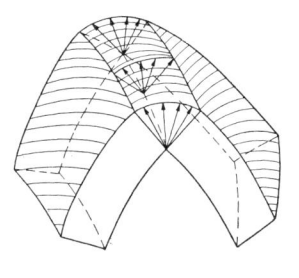

図 55

これも球面上へ移す．また，3つの曲面分の共通点では，2つずつの曲面分について上のようにしてつくった3つの扇形で囲まれた部分にすべての単位ベクトルをひき，これも表示する．このようにして，閉超曲面の外側へひいたすべてのベクトルの球面表示をつくり，それについて $K = \int d\sigma$ を求めるのである．全曲率 K が I_{n-1} の整数倍であることの証明は相当の位相幾何の知識を必要とするので，ここでは述べないが，2次元，3次元のときについて解説しよう．2次元のとき，閉曲線の囲む部分が単一連結なら $\chi=1$，8の字形なら $\chi=0$，3次元のとき，凸閉曲面については明らかに $\chi=1$ だが，一般に内部が単一連結なら，$\chi=1$，円環面のように，二重連結のものでは $\chi=0$．

上に述べた被覆度 χ は，曲面の囲む立体の **Euler–Poincaré の指標** という位相幾何での基本的な数と一致し，これは，曲面を連続的に変形しても変らない数である．

次に (3·43) を (3·57) に代入すれば， $d\sigma = |A_{ab}|\,[\omega_1\cdots\omega_{n-1}]$

ところが，対称行列 (A_{ab}) の固有値が $k_1,\cdots, k_{n-1}$ だから，行列式 $|A_{ab}|$ はそれらの積である．したがって

$$K(\sigma)=\int k_1\cdots k_{n-1}\,dS \tag{3.60}$$

となり，閉曲面についていえば (3.51) の M_{n-1} が $K(\sigma)$ と一致する．

なお，いくつかの曲面を合せたものの全曲率は，別々のものの和と定めておく．

3.5 積分幾何の主公式

n 次元ユークリッド空間で，2つの2回連続的微分可能な $n-1$ 次元の閉曲面 $\sum_i (i=1,2)$ で囲まれた領域を D_i，その体積を $V^{(i)}$，平均曲率の積分 (3.51) を $M_0^{(i)}, M_1^{(i)}, \cdots, M_{n-1}^{(i)}$ とする．$\sum_0$ は空間に固定し，$\sum_1$ は動くものとして，D_0, D_1 の共通部分の表面を σ，その全曲率を $K(\sigma)$ とし，$\sum_1$ の位置の測度の素片を $d\sum_1$ とおけば次の式が成り立つ．

$$\int K(\sigma)d\sum_1 = I_1 I_2 \cdots I_{n-1}\left(V^{(0)}M_{n-1}^{(1)}+M_{n-1}^{(0)}V^{(1)}+\frac{1}{n}\sum_{k=0}^{n-2}\binom{n}{k+1}M_k^{(0)}M_{n-2-k}^{(1)}\right) \tag{3.61}$$

(I_{i-1} は i 次元のユークリッド空間の単位球面の表面積)

これをユークリッド空間の積分幾何の主公式という．

とくに $\sum_0, \sum_1$ が凸閉曲面のときは，$K(\sigma)=I_{n-1}$ であって，この式から $\int d\sum_1$ が $M_k^{(i)}, V^{(i)}$ で表わされる．p. 28 の (1.31) はさらに $n=2$ とした場合である．

(3.61) で $n=3$ のときは，

$$\int K(\sigma)d\sum_1 = 8\pi^2(V^{(0)}K^{(1)}+S^{(0)}M^{(1)}+M^{(0)}S^{(1)}+K^{(0)}V^{(1)}) \tag{3.62}$$

ここに $K^{(i)}$ は $\sum_i$ の全曲率，$S^{(i)}$ は表面積，$M^{(i)}$ は平均曲率の積分 $M_1^{(i)}$ である．そこで主公式の証明を次の3段階に分けてやる．(S. S. Chern (陳省身) の証明)

(i) $\sum_0, , \sum_1$ が交わり，その交わりの曲面が $n-2$ 次元とし，これを ρ と

3.5 積分幾何の主公式

する．ρ 上の点で $\sum_0$, $\sum_1$ に立てた法線のなす角を $\varphi(0<\varphi<\pi)$ とし，ρ 上の点 P で ρ に接する $n-2$ 次元の直角標構を $e_1,\cdots,e_{n-2}$，ρ 上での標構の測度 (3.40) を dl とする．次に，$\sum_0$ に接する単位直交系を $e_1,\cdots,e_{n-2},e_{n-1}$，$\sum_1$ に接する単位直交系を $e_1,\cdots,e_{n-2},e'_{n-1}$

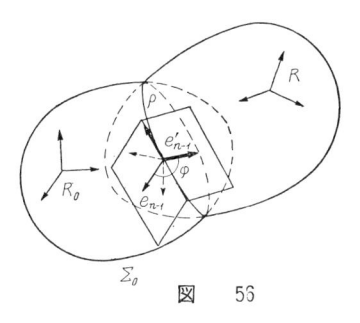

図 56

とし，それぞれの曲面上での標構の測度を dL_0, dL_1 とすれば，

$$[dl, d\textstyle\sum_1] = \pm \sin^{n-1}\varphi \, [dL_0, dL_1, d\varphi] \tag{3.63}$$

(証明) 空間に固定した標構を R_0，動く曲面 $\sum_1$ に固定した標構を R とする．$\sum_0 \cap \sum_1 = \rho$ 上の点 P で ρ に接する $e_1,\cdots,e_{n-2}$ と $\sum_0$ に接する e_{n-1}，および $\sum_0$ への単位法線 e_n でできる直角標構を T_0R_0, $e_1,\cdots e_{n-2}$ と $\sum_1$ に接する e'_{n-1} および $\sum_1$ への単位法線 e_n' でできる直角標構を UT_0R_0 とすれば，e_n, e_n' のなす角が φ で，U は $e_1,\cdots e_{n-2}$ に垂直な 2 次元の平面上で角 φ だけまわす回転である．

$\sum_1$ に固定した標構 R に対し，UT_0R_0 の相対変位を T_1 で表わせば，

$$T_1 R = UT_0R_0 \quad \text{ゆえに} \quad R = (T_1^{-1}UT_0)R_0$$

そこで，$T = T_1^{-1}UT_0$ とおけば，$\quad R = TR_0$

動標構 R の相対成分は，行列 $dT T^{-1}$ の要素である．これらの相対成分 $\omega_i, \omega_{ij}\,(i<j)$ 全部の外積を求めるには，

$$T_1(dT\cdot T^{-1})T_1^{-1} = -dT_1 T_1^{-1} + dUU^{-1} + U(dT_0 T_0^{-1})U^{-1} \tag{3.64}$$

なる行列の成分の外積を求めればよい．(p.72 参照) そこで

$$dT_i T_i^{-1} = \begin{pmatrix} 0 & \omega_1^{(i)} & \cdots\cdots & \omega_{n-1}^{(i)} & 0 \\ 0 & \omega_{11}^{(i)} & \cdots\cdots & \omega_{1n-1}^{(i)} & \omega_{1n}^{(i)} \\ \cdots & \cdots & \cdots\cdots & \cdots & \cdots \\ 0 & \omega_{n-11}^{(i)} & \cdots & \omega_{n-1n-1}^{(i)} & \omega_{n-1n}^{(i)} \\ 0 & \omega_{n1}^{(i)} & \cdots\cdots & \omega_{n\,n-1}^{(i)} & 0 \end{pmatrix}, \quad U = \begin{pmatrix} 1 & & & & \\ & \ddots & & & \\ & & 1 & & \\ & & & \cos\varphi & \sin\varphi \\ & & & -\sin\varphi & \cos\varphi \end{pmatrix}$$

$(i=0, 1)$

(3.43) によって，

$$\omega_{an}^{(i)} = \sum_b A_{ab}^{(i)} \omega_b^{(i)} \quad (a, b = 1, \cdots, n-1) \tag{3.65}$$

とおき，行列 (3・64) の要素を π_i, π_{ij} $(i,j=1,\cdots,n)$ とおいて計算すれば，

$$\left.\begin{array}{l}\pi_p=\omega_p{}^{(0)}-\omega_p{}^{(1)},\ \pi_{pq}=\omega_{pq}{}^{(0)}-\omega_{pq}{}^{(1)}\ (p,q=1,\cdots,n-2)\\ \pi_{n-1}=\omega_{n-1}{}^{(0)}\cos\varphi-\omega_{n-1}{}^{(1)},\ \pi_n=-\omega_{n-1}{}^{(0)}\sin\varphi\\ \pi_{pn-1}=\omega_{pn-1}{}^{(0)}\cos\varphi+\omega_{pn}{}^{(0)}\sin\varphi-\omega_{pn-1}{}^{(1)},\\ \pi_{pn}=-\omega_{pn-1}{}^{(0)}\sin\varphi+\omega_{pn}{}^{(0)}\cos\varphi-\omega_{pn}{}^{(1)}\\ \pi_{n-1\,n}=\omega_{n-1\,n}{}^{(0)}+d\varphi\end{array}\right\}\quad(3\cdot66)$$

標構 R の位置の測度の素片 $d\sum_1$ は上に述べたように，π_i, $\pi_{ij}\,(i<j)$ 全部の外積である．また，$\sum_0 \cap \sum_1=\rho$ 上での標構 $(\mathrm{P}, e_1,\cdots,e_{n-2})$ の測度素片 dl は $\omega_p{}^{(0)}$, $\omega_{pq}{}^{(0)}\,(p<q,\ p,\ q=1,\cdots,n-2)$ 全部の外積である．$[dl, d\sum_1]$ を計算するのに，まず (3・66) の π_n の式から，

$$[\omega_1{}^{(0)}\cdots\omega_{n-2}{}^{(0)}\,\pi_n]=-\sin\varphi\,[\omega_1{}^{(0)}\cdots\omega_{n-1}{}^{(0)}]$$

(3・66) の π_a, π_{n-1} の式より

$$[\omega_1{}^{(0)}\cdots\omega_{n-2}{}^{(0)}\,\pi_1\cdots\pi_{n-2}\,\pi_{n-1}\,\pi_n]$$
$$=\sin\varphi[\omega_1{}^{(0)}\cdots\omega_{n-1}{}^{(0)}\,\omega_1{}^{(1)}\cdots\omega_{n-1}{}^{(1)}]$$

つぎに，(3・66) の $\omega_{pq}{}^{(0)}$, π_{pq}, π_{pn} をかけ，(3・65) を参照して簡約し，つぎに π_{pn-1}, $\pi_{n-1\,n}$ をかけて

$$[dl,\ d\textstyle\sum_1]=[\prod_p\omega_p{}^{(0)},\ \prod_{p<q}\omega_{pq}{}^{(0)},\ \prod_i\pi_i,\ \prod_{i<j}\pi_{ij}]$$
$$=\pm\sin^{n-1}\varphi[dL_0,\ dL_1,\ d\varphi]$$

(ii) 次に，$\sum_0$, $\sum_1$ の囲む領域 D_0, D_1 の共通部分の表面 σ について，全曲率 $K(\sigma)$ を考えてみよう．σ の上の各点で，その一方の側へ法線単位ベクトルをつくり，原点を起点として，これに等しい有向線分をひいて，その端点のえがく球面を考え (σ の球面表示)，その面素を dM とする．ただし，σ 上の法線のひけない点，つまり $\sum_0 \cap \sum_1=\rho$ 上の点では，この点での $\sum_0$, $\sum_1$ の法線ベクトル e_n, e_n' の張る2次元の平面上で，この二つの間にあるすべての単位ベクトルをひくものとする．そうすれば，$K(\sigma)=\int dM$

そこで，まずこの ρ 上の点に対応する部分の dM を考えてみよう．法線ベクトル e_n, e_n' のなす角が φ だから，そのなす角を二等分する単位ベクト

3.5 積分幾何の主公式

ルを $\mathfrak{a}$, $\mathfrak{b}$ とすれば, $\mathfrak{a}$, $\mathfrak{b}$ は垂直で, かつ

$$2\mathfrak{a}\cos\frac{\varphi}{2}=e_n+e_n',$$
$$2\mathfrak{b}\sin\frac{\varphi}{2}=e_n-e_n' \qquad (3\cdot 67)$$

と書ける. $e_1,\cdots e_{n-2}$ に垂直な単位ベクトル $\mathfrak{x}$ は $\mathfrak{a}$, $\mathfrak{b}$ の張る平面上にあるから, $\mathfrak{x}=\mathfrak{a}\cos\theta+\mathfrak{b}\sin\theta$ とおくことができる. これに垂直な単位ベクトル $\mathfrak{y}=-\mathfrak{a}\sin\theta+\mathfrak{b}\cos\theta$ をとって, 原点 O からひいた単位ベクトル $\mathfrak{x}$ の先端のえがく球面の面素 dM を, 直交系 $\mathfrak{x}, \mathfrak{y}, e_1,\cdots e_{n-2}$ に関して計算すれば,

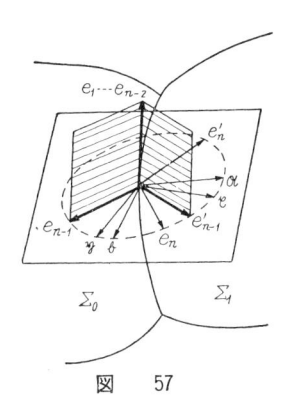

図 57

$$dM=[(\mathfrak{x}, d\mathfrak{y}),\ (\mathfrak{x}, de_1),\cdots,(\mathfrak{x}, de_{n-2})]$$

ところが,

$$(\mathfrak{x}, d\mathfrak{y})=\Big(\mathfrak{a}\cos\theta+\mathfrak{b}\sin\theta,\ (-\mathfrak{a}\cos\theta+\mathfrak{b}\sin\theta)d\theta-d\mathfrak{a}\sin\theta+d\mathfrak{b}\cos\theta\Big)$$

$\mathfrak{a}$, $\mathfrak{b}$ は単位ベクトルだから $\quad (\mathfrak{x}, d\mathfrak{y})=-d\theta+(\mathfrak{a}, d\mathfrak{b})$

$\mathfrak{b}, e_1, e_2,\cdots, e_{n-2}$ は $\sum_1\cap\sum_2=\rho$ 上で点の位置をきめる $n-2$ 個の変数の函数だから

$$dM=-[d\theta,\ (\mathfrak{x}, de_1),\cdots,(\mathfrak{x}, de_{n-2})] \qquad (3\cdot 68)$$

$(\mathfrak{x}, de_p)=-(d\mathfrak{x}, e_p)\ (p=1,\cdots,n-2)$ だから

$$dM=(-1)^{n-1}[d\theta,\ \prod_p (d\mathfrak{x}, e_p)]$$

$$=(-1)^{n-1}[d\theta,\ \prod_p ((d\mathfrak{a}, e_p)\cos\theta+(d\mathfrak{b}, e_p)\sin\theta)] \qquad (3\cdot 69)$$

ところが $(\mathfrak{a}, e_p)=0$, $(\mathfrak{b}, e_p)=0$ だから, $(3\cdot 67)$ により

$(d\mathfrak{a}, e_p)\cos\theta+(d\mathfrak{b}, e_p)\sin\theta$

$$=(de_n+de_n', e_p)\cos\theta\Big/2\cos\frac{\varphi}{2}+(de_n-de_n', e_p)\sin\theta\Big/2\sin\frac{\varphi}{2},$$

$(de_n, e_p)=\omega_{np}{}^{(0)}=-\omega_{pn}{}^{(0)}$, $(de_n', e_p)=\omega_{np}{}^{(1)}=-\omega_{pn}{}^{(1)}$ だから

$(d\mathfrak{a}, e_p)\cos\theta+(d\mathfrak{b}, e_p)\sin\theta$

$$=-\Big(\omega_{pn}{}^{(0)}\sin\Big(\frac{\varphi}{2}+\theta\Big)+\omega_{pn}{}^{(1)}\sin\Big(\frac{\varphi}{2}-\theta\Big)\Big)\Big/\sin\varphi \qquad (3\cdot 70)$$

(3·43) (3·50) によれば，

$$\omega_{pn}{}^{(i)} = \sum_{a} A_{pa}{}^{(i)} \omega_a{}^{(i)} = \sum_{ca} u_{cp}{}^{(i)} u_{ca}{}^{(i)} k_c{}^{(i)} \omega_a{}^{(i)} \tag{3·71}$$

$$(i = 0, 1;\ a, b, c = 1, \cdots, n-1;\ p = 1, \cdots, n-2)$$

ところが，(i) のときと異なり，$\sum_0, \sum_1$ は固定しているし，二つの標構 $(P, e_1, \cdots e_{n-2}, e_{n-1}, e_n)$, $(P, e_1, \cdots, e_{n-2}, e'_{n-1}, e_n')$ の頂点は $\rho = \sum_1 \cap \sum_2$ の上を動くから $\omega_{n-1}{}^{(0)} = 0,\ \omega_{n-1}{}^{(1)} = 0$
また，$P, e_1, \cdots, e_{n-2}$ は二つの標構について同一だから，

$$\omega_p{}^{(0)} = \omega_p,\quad \omega_p{}^{(1)} = \omega_p \qquad (p = 1, \cdots, n-2)$$

とおける．したがって (3·71) は

$$\omega_{pn}{}^{(i)} = \sum_{qc} u_{cp}{}^{(i)} u_{cq}{}^{(i)} k_c{}^{(i)} \omega_q \qquad \begin{pmatrix} p, q = 1, \cdots, n-2 \\ c = 1, \cdots, n-1 \end{pmatrix} \tag{3·72}$$

ここに直交行列 $(u_{ab}{}^{(i)})$ は各曲面上で，P での主方向の上に軸をおく標構から，標構 $(P, e_1, \cdots, e_{n-2}, e_{n-1})$, $(P, e_1, \cdots, e_{n-2}, e'_{n-1})$ のほうへまわる回転の行列である．そこで (3·70) (3·72) より

$$\prod_p ((d\mathfrak{a}, e_p) \cos\theta + (d\mathfrak{b}, e_p) \sin\theta) = D\, ds / \sin^{n-2}\varphi$$

ここに $\qquad ds = [\omega_1 \cdots \omega_{n-2}] \qquad (\rho\ 上の面素)$

また，D は第 p 行，第 q 列の要素が

$$\sum_c u_{cp}{}^{(0)} u_{cq}{}^{(0)} k_c{}^{(0)} \sin\left(\frac{\varphi}{2} + \theta\right) + \sum_c u_{cp}{}^{(1)} u_{cq}{}^{(1)} k_c{}^{(1)} \sin\left(\frac{\varphi}{2} - \theta\right)$$

であるような行列式である．この行列式を $\sin\left(\dfrac{\varphi}{2} + \theta\right)$, $\sin\left(\dfrac{\varphi}{2} - \theta\right)$ の整式として展開すれば，

$$D = \sum_{p=0}^{n-2} H_p \sin^q\left(\frac{\varphi}{2} + \theta\right) \sin^p\left(\frac{\varphi}{2} - \theta\right) \qquad (p + q = n-2) \tag{3·73}$$

の形になる．ここに，

$$H_p = \sum U_{j_1 \cdots j_q\, i_1 \cdots i_p} k_{j_1}{}^{(0)} \cdots k_{j_q}{}^{(0)} k_{i_1}{}^{(1)} \cdots k_{i_p}{}^{(1)} \tag{3·74}$$

ここで，$j_1, \cdots, j_q$ および $i_1, \cdots, i_p$ は，$1, 2, \cdots, n-2$ から，それぞれ q 個，p 個を任意にとった組合せで，和はすべてのこのような組合せについてつくるとする．また，$U_{j_1 \cdots j_q\, i_1 \cdots i_p}$ は，$u_{ab}{}^{(0)}, u_{ab}{}^{(1)}$ の整式であるが，

3·5 積分幾何の主公式

それを求めるには，次のようにすればよい．D で

$k_{j_1}{}^{(0)}=\cdots=k_{j_q}{}^{(0)}=1$, $k_{i_1}{}^{(1)}=\cdots=k_{i_p}{}^{(1)}=1$, その他の $k_j{}^{(0)}$, $k_i{}^{(1)}$ は 0

とおけば，$U_{j_1\cdots j_q i_1\cdots i_p}\sin^q\left(\dfrac{\varphi}{2}+\theta\right)\sin^p\left(\dfrac{\varphi}{2}-\theta\right)$ を得る．このとき，

$$\bar{u}_{cp}{}^{(0)}=\sqrt{\sin\left(\frac{\varphi}{2}+\theta\right)}u_{cp}{}^{(0)}, \quad \bar{u}_{cp}{}^{(1)}=\sqrt{\sin\left(\frac{\varphi}{2}-\theta\right)}u_{cp}{}^{(1)}$$

とおけば

$$D=\left|\sum_{c=j_1,\cdots,j_q}\bar{u}_{cp}{}^{(0)}\bar{u}_{cq}{}^{(0)}+\sum_{c=i_1,\cdots,i_p}\bar{u}_{cp}{}^{(1)}\bar{u}_{cq}{}^{(1)}\right|=\begin{vmatrix}\bar{u}_{j_1 1}{}^{(0)}\cdots\bar{u}_{j_q 1}{}^{(0)}\ \bar{u}_{i_1 1}{}^{(1)}\cdots\bar{u}_{i_p 1}{}^{(1)}\\ \cdots\cdots\cdots\cdots\cdots\cdots\cdots\cdots\cdots\cdots\\ \bar{u}_{j_1 n-2}{}^{(0)}\cdots\bar{u}_{j_q n-2}{}^{(0)}\ \bar{u}_{i_1 n-2}{}^{(1)}\cdots\bar{u}_{i_p n-2}{}^{(1)}\end{vmatrix}^2$$

ゆえに

$$U_{j_1\cdots j_q i_1\cdots i_p}=\begin{vmatrix}u_{j_1 1}{}^{(0)}\cdots u_{j_q 1}{}^{(0)} & u_{i_1 1}{}^{(1)}\cdots u_{i_p 1}{}^{(1)}\\ \cdots\cdots\cdots\cdots\cdots\cdots\cdots\cdots\cdots\cdots\\ \omega_{j_1 n-2}{}^{(0)}\cdots u_{j_q n-2}{}^{(0)} & u_{i_1 n-2}{}^{(1)}\cdots u_{i_p n-2}{}^{(1)}\end{vmatrix}^2 \quad (3\cdot75)$$

σ の全曲率 $K(\sigma)$ を，ρ の部分と $D_0\cap\sum_1=\sigma_0$, $D_1\cap\sum_0=\sigma_1$ とに分けて考えると，

$$K(\sigma)=\int_\sigma dM=\int_{\sigma_0}dM+\int_{\sigma_1}dM+\int_\rho\frac{D}{\sin^{n-2}\varphi}d\theta\,ds \quad (3\cdot76)$$

(iii) そこで (3·61) を証明しよう．まず

$$\int K(\sigma)\,d\textstyle\sum_1=\int\left(\int_{\sigma_0}dM\right)d\textstyle\sum_1+\int\left(\int_{\sigma_1}dM\right)d\textstyle\sum_1$$
$$+\int\left(\int_\rho\frac{D}{\sin^{n-2}\varphi}d\theta\,ds\right)d\textstyle\sum_1 \quad (3\cdot77)$$

$\int\left(\int_{\sigma_0}dM\right)d\sum_1$ を計算するには，$d\sum_1$ が選択による不変性をもつことを利用して，$\sum_1$ に固定した標構の原点をその面上の点 P にとり，まず $\int d\sum_1$ を計算する．(3·33) によれば，$d\sum_1$ は P の体積素片とそのまわりの回転の素片であるが，P は D_0 内の全体を動き，P のまわりの回転は自由だから，(3·33) によって $\int d\sum_1=V^{(0)}J_n$. つぎに P を曲面 $\sum_1$ 上で動かせば，

$$\int_{\sum_1}V^{(0)}J_n\,dM=V^{(0)}J_n M_{n-1}{}^{(1)}$$

ゆえに
$$\int\left(\int_{\sigma_0} dM\right) d\textstyle\sum_1 = J_n V^{(0)} M_{n-1}^{(1)} \tag{3.78}$$

つぎに，$d\textstyle\sum_1$ は $\textstyle\sum_1$ を固定し，逆に $\textstyle\sum_0$ を動かすと考えたときの位置の測度 $d\textstyle\sum_0$ に等しい（逆不変性）のだから
$$\int\left(\int_{\sigma_1} dM\right) d\textstyle\sum_1 = \int\left(\int_{\sigma_1} dM\right) d\textstyle\sum_0 \tag{3.79}$$

したがって (3.78) と同様にして $\quad \int\left(\int_{\sigma_1} dM\right) d\textstyle\sum_1 = J_n M_{n-1}^{(0)} V^{(1)}$

最後に
$$\int\left(\int_{\rho} dM\right) d\textstyle\sum_1 = \int\left(\int_{\rho}\frac{D}{\sin^{n-2}\varphi} d\theta\, ds\right) d\textstyle\sum_1 \tag{3.80}$$

を考える．$n-2$ 次元の曲面 ρ 上での標構 $(P, e_1, \cdots e_{n-2})$ の測度を dl とすれば，(3.63) により，（符号は無視する）
$$[dl, d\textstyle\sum_1] = \sin^{n-1}\varphi\,[d\varphi, dL_0, dL_1]$$

そこで $\textstyle\sum_1$ のすべての位置，ρ 上のすべての標構，$-\dfrac{\varphi}{2} \leq \theta \leq \dfrac{\varphi}{2}$ についての積分として，次のものを考える．

$$\int \frac{D}{\sin^{n-2}\varphi} d\theta\, dl\, d\textstyle\sum_1 = \int D\sin\varphi\, d\theta\, d\varphi\, dL_0\, dL_1 \tag{3.81}$$

dl は ρ 上での $n-2$ 次元の体積素片 ds と，そのまわりの標構の回転の測度素片 dJ_{n-2} の外積であるが，回転は自由だから $\int dJ_{n-2} = J_{n-2}$，ゆえに (3.80) (3.81) より

$$\int\left(\int_{\rho} dM\right) d\textstyle\sum_1 = \frac{1}{J_{n-1}}\int D\sin\varphi\, d\theta\, d\varphi\, dL_0\, dL_1 \tag{3.82}$$

これを計算するのに，(3.73) を参照してまず $-\dfrac{\varphi}{2} \leq \theta \leq \dfrac{\varphi}{2}$，$0 \leq \varphi \leq 2\pi$ で積分する．

つぎに，$dL_i\,(i=0, 1)$ は $\textstyle\sum_i$ の面素 dS_i とその上の標構の回転の測度 $dJ_{n-1}^{(i)}$ の外積であり，(3.74) の $U_{j_1\cdots j_q i_1\cdots i_p}$ はこの回転を表わす行列の要素 $u_{ab}^{(i)}$ の整式である．さて

$$\int U_{j_1\cdots j_q i_1\cdots i_p}\, dJ_{n-1}^{(0)}\, dJ_{n-1}^{(1)} \tag{3.83}$$

3.5 積分幾何の主公式

は p, q が一定である限り, $i_1, \cdots, i_p$ および $j_1, \cdots, j_q$ が $1, \cdots, n-2$ の中からどのようにとった組合せであっても同一である. それは $U_{j_1\cdots j_q i_1\cdots i_p}$ は標構の軸 $e_{i_1}, \cdots, e_{i_p}$ および $e_{j_1}, \cdots e_{j_q}$ のとりかたできまるが, $dJ_{n-1}{}^{(0)}$, $dJ_{n-1}{}^{(1)}$ では, そのあらゆる位置を考えているからである. このようにして

$$\int H_p\, dJ_{n-1}{}^{(0)}\, dJ_{n-1}{}^{(1)} = c_p \sum k_{j_1}{}^{(0)}\cdots k_{j_q}{}^{(0)} \cdot \sum k_{i_1}{}^{(1)}\cdots k_{i_p}{}^{(1)}$$

(c_p は定数)

したがって

$$\int \left(\int_\rho dM\right) d\textstyle\sum_1 = \sum_{p=0}^{n-2} c_p' \int \sum k_{j_1}{}^{(0)}\cdots k_{j_q}{}^{(0)}\, dS_0 \cdot \int \sum k_{i_1}{}^{(1)}\cdots k_{i_p}{}^{(1)}\, dS_1$$

($p+q=n-2$, c_p' は定数)

$$= \sum_{p=0}^{n-2} c_p'' M_q{}^{(0)} M_p{}^{(1)} \quad \text{ここに} \quad c_p'' = \binom{n-1}{q}\binom{n-1}{p} c_p' \qquad (3\cdot84)$$

これと (3.78) (3.79) を (3.77) に代入して

$$\int K(\sigma)\, d\textstyle\sum_1 = J_n(V^{(0)} M_{n-1}{}^{(1)} + M_{n-1}{}^{(0)} V^{(1)}) + \sum_{p=0}^{n-2} c_p'' M_q{}^{(0)} M_p{}^{(1)} \qquad (3\cdot85)$$

定数 c_p'' をきめるには, これが上の計算から明らかなように, 曲面 $\sum_0, \sum_1$ には無関係な数であることを利用する. それで, $\sum_0$ が半径 1 の球面, $\sum_1$ が半径 r の球面の場合に計算をすればよい.

このときは, $K(\sigma) = I_{n-1}$ であり, 球 $\sum_1$ の中心の軌跡は半径 $1+r$ の球, また標構の回転は自由だから,

$$\int K(\sigma)\, d\textstyle\sum_1 = \frac{1}{n} I_{n-1}(1+r)^n \cdot J_n$$

また, (3.55) によれば, $M_q{}^{(0)} = I_{n-1}$, $M_p{}^{(1)} = I_{n-1} r^{n-p-1}$ だから (3.85) の両辺の比較により

$$c_p'' = \frac{1}{n}\binom{n}{p+1} J_n$$

これで, 主公式 (3.61) の証明がすんだわけである.

平面の測度 閉曲面を $\sum$, その平均曲率の積分を $M_0, M_1, \cdots, M_{n-1}$ とする. これに交わる k 次元の平面 E_k を考え, $E_k \cap \sum = \sigma$, その全曲率を $K(\sigma)$ とすれば, $\sum$ に交わるすべての k 次元平面についての $K(\sigma)$ の積分は,

88　　　　　　　　　　　　　　　　　　第3章　ユークリッド空間の積分幾何

$$\int K(\sigma)\,dE_k = \frac{I_{n-k-1}\,J_n}{2(n-k)\,J_k J_{n-k}} M_{k-1} \qquad (3\cdot86)$$

となる．ここに，$K(\sigma)$ は σ の n 次元空間内の図形としての全曲率である．とくに，$n=3$ のとき，

閉曲面 $\sum$ に交わる直線について　　$\int K(\sigma)\,dE_1 = 2\pi^2 S$ 　　(3·87)

閉曲面 $\sum$ に交わる平面について　　$\int K(\sigma)\,dE_2 = 4\pi M$ 　　(3·88)

(3·86) は主公式 (3·61) と同じようにして証明できるが，また主公式から，その極限の場合として導くこともできる．これを(3·87)について説明しよう．

まず，きわめて長い線分をとり，その長さを l とし，これから h 以上距っていない点の軌跡としてできる立体を D_1，その表面を $\sum_1$ とする．$\sum_1$ から r 以上距っていない点で $\sum_1$ の外にある立体の体積は

$$\pi(h+r)^2 l + \frac{4}{3}\pi(h+r)^3 - (\pi h^2 l + \frac{4}{3}\pi h^3)$$
$$= 2\pi(hl + 2h^2)r + \pi(l+4h)r^2 + \frac{4}{3}\pi r^3$$

これは，(3·54) によれば，$M_0^{(1)} r + M_1^{(1)} r^2 + \frac{1}{3} M_2^{(1)} r^3$ だから，

$$M_0^{(1)} = 2\pi(hl + 2h^2), \qquad M_1^{(1)} = \pi(l + 4h)$$

主公式での $\sum_0$ の代りに $\sum$ をとっているのだから，(3·62) により

$$\int K(\sum_1 \cap \sum)\,d\sum_1 = 8\pi^2 \Big(4\pi V + \pi(l+4h) M_0$$
$$+ 2\pi(hl + 2h^2) M_1 + 4\pi \cdot (\pi h^2 l + \frac{4}{3}\pi h^3)\Big) \quad (3\cdot89)$$

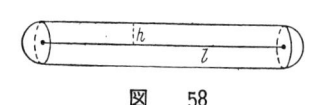

ここに，V は $\sum$ の囲む体積とする．

他方 (3·34) により $d\sum_1$ は $\sum_1$ の軸をなす直線の測度素片 dE_1，その直線のまわりの回転角の微分 $d\theta$，軸の方向の平行移動の微分 ds の積に分解して考える．l が h にくらべてきわめて大きいとき，$\int K(\sum_1 \cap \sum)d\sum_1$ は，ほぼ

$$2\int K(\sum_1 \cap \sum) dE_1 \cdot \int ds \cdot \int d\theta = 4\pi l \int K(\sum_1 \cap \sum)\,dE_1$$

図　58

3.5 積分幾何の主公式

$h\to 0$ とすれば，(3·89) との比較から

$$\int K(\sigma)\,dE_1 = 2\pi^2 M_0 = 2\pi^2 S$$

同様に，半径 l の円板から h 以上距っていない点の軌跡を考え，その表面を $\sum_1$ として，上と同じような考察を加えれば，(3·88) が得られる．

凸閉曲面の場合 $\sum$ が凸閉曲面のときは，$K(\sigma)=I_{n-1}$ だから (3·86) より

$$\int_{E_k \cap \sum \neq 0} dE_k = \frac{I_{n-k-1}}{2(n-k)} \frac{J_{n-1}}{J_k J_{n-k}} M_{k-1} \tag{3·90}$$

とくに $k=1$ のときは，$\sum$ と交わる直線全体の測度はその面積 S に比例し，$k=n-1$ のときは M_{n-2} に比例する．この場合の式と (3·26)(3·25) と合せて

$$\int s\,d\sigma = \frac{I_{n-2}}{2(n-1)} S, \quad \int D\,d\sigma = M_{n-2} \tag{3·91}$$

凸閉曲面を k 次元の平面 E_k で切り，その切口の曲面の E_k 上での平均曲率の積分を m_p ($p=1, 2, \cdots, k-1$) とすれば，すべての切口について積分して

$$\int m_{p-1}\,dE_k = \frac{(k-p)}{2(n-p)} \frac{I_{n-p-1}}{I_{k-p}} \cdot \frac{J_{n-1}}{J_{n-k} J_{k-1}} M_{p-1} \tag{3·92}$$

となる．これは次のようにしてわかる．E_k 上で p 次元の平面 E_p の全体を考え，各 E_p 上に頂点 P と軸 $e_1,\cdots,e_p$ をとり，さらに E_k 上に $e_{p+1},\cdots,e_k$, E_k に垂直な $e_{k+1},\cdots e_n$ をとって直角標構 (P, $e_1,\cdots,e_n$) をつくる．そして，右の表の相対成分を考え

$dE_p = [\prod_\lambda \omega_\lambda \prod_{\alpha,\lambda} \omega_{\alpha\lambda}]$ $\begin{pmatrix}\alpha=1,\cdots,p \\ \lambda=p+1,\cdots,n\end{pmatrix}$

は平面 E_p の n 次元空間での測度素片，

$dE_p^{(0)} = [\prod_\lambda \omega_\lambda \prod_{\alpha\lambda} \omega_{\alpha\lambda}]$ $\begin{pmatrix}\alpha=1,\cdots,p \\ \lambda=p+1,\cdots,k\end{pmatrix}$

は E_k 内での E_p の測度素片，

$[\prod_{\alpha\lambda} \omega_{\alpha\lambda}]$ $\begin{pmatrix}\alpha=p+1,\cdots,k \\ \lambda=k+1,\cdots,n\end{pmatrix}$ は原

$\omega_{p+1}\cdots\cdots\omega_k$	$\omega_{k+1}\cdots\cdots\omega_n$
$\omega_{1\,p+1}\cdots\omega_{1k}$	$\omega_{1\,k+1}\cdots\omega_{1n}$
$\cdots\cdots\cdots$	$\cdots\cdots\cdots$
$\omega_{p\,p+1}\cdots\omega_{pk}$	$\omega_{p\,k+1}\cdots\omega_{pn}$
	$\omega_{p+1\,k+1}\cdots\omega_{p+1\,n}$
	$\cdots\cdots\cdots$
	$\omega_{k\,k+1}\cdots\omega_{kn}$

点をとおり E_p に垂直な平面内で,e_{p+1}, e_{p+2}, ……, e_k の張る $k-p$ 次元平面の測度素片であることに注目し,$\int(\int dE_p{}^{(0)})\,dE_k$ を (3・90) を用いて計算し,$\int(\int[\prod_{\alpha\lambda}\omega_{\alpha\lambda}])\,dE_p$ を (3・31)(3・90) を用いて計算すれば (3・92) を得る.しくに $n=3$,$k=2$,$p=1$ なら l を平面と凸閉曲面との交線の長さとして,

$$\int l\,dE_2 = \frac{\pi^2}{2}S$$

第 4 章　積分幾何学の展望

この章では，これまで述べてきたこと以外の現代の積分幾何学の成果について，その概観を述べる．したがって，証明は必ずしもいちいち述べない．

1. 等質空間での測度

4·1 等質空間

群と合同　集合 $M=\{a\}$ が互いに共通部分のないいくつかの組 M_α（α はある濃度の中からとる）に組分けされるとし，

$\quad a \epsilon M_\alpha, b \epsilon M_\alpha$ のとき $a \sim b$,　そうでないとき $a \sim b$ でない

ときめる．ここに $a \sim b$ のとき a は b に合同，$a \sim b$ でないとき a は b に合同でないということにする．そうすれば

$$\left.\begin{array}{ll}\text{(i)} & a \sim a \\ \text{(ii)} & a \sim b \text{ ならば } b \sim a \\ \text{(iii)} & a \sim b, b \sim c \text{ ならば } a \sim c\end{array}\right\} \quad (4 \cdot 1)$$

といえる．逆に，$M=\{a\}$ の中に何等かの合同関係 $\sim$ が規定されていて，それが $(4 \cdot 1)$ の条件を満たしているときは，M を合同なものどうしを一組にして，組に分けることができる．

つぎに，集合 $M=\{a\}$ の上にはたらく群 $G=\{\sigma\}$ があって，G の各元 σ は M のそれ自身への1対1の写像で，G の単位元は M を個々に変えないし，またこのようなものは単位元のほかにないとする．そこで $a \epsilon M, b \epsilon M$ に対して，$a=\sigma b$ となる $\sigma \epsilon G$ があるとき，$a \sim b$ と定義すると，この合同関係は $(4 \cdot 1)$ を満たしている．実際，(i) $a=ea$ (e は G の単位元) だから $a \sim a$, (ii) $a \sim b$ なら $a=\sigma b$, ゆえに $b=\sigma^{-1}a$ ($\sigma^{-1}\epsilon G$) となり $b \sim a$, (iii) $a \sim b$, $b \sim c$ なら $a=\sigma b$, $b=\tau c$ となり $a=\sigma(\tau c)=(\sigma \tau)c$, つまり $a \sim c$.

このようにして，M を合同なものどうしの組に分けると，G はそれらの合同なものどうしの組の中に作用することになる．それで今後はそのような一つの

組を M にとって論ずることにする．このときは，M の中の任意の元 a が，G のある変換で任意の元 b へ移るのである．このようなとき，G は M 上に**推移的**にはたらくという．また，a を b に移す変換がつねにただ一つのとき，G は M に**一重推移的**にはたらくという．

例 G をユークリッド平面の変位群，M をこの平面上のすべての点集合，（たとえば，点，直線，円，三角形など）とすると，M は合同なものの集まり（たとえば点の全体，直線の全体，円の全体）となり，G はこれらのおのおのの上に，推移的に作用する．

標構 群 G が集合 $\{R\}$ の上に一重推移的にはたらくとき，R を G の**標構**という．標構は必ずある．それは，G の元全体を右に一列にならべたものを R_0，これに G の任意の元を作用させてできたものを R とし，$\{R\}$ を考えればよい．

次に，群 G が集合 $M=\{a\}$ の上に推移的にはたらくとき，M に付随して標構 $\bar{R}$ を次のようにきめることができる．まず，G に付随した標構の集まり $\{R\}$ をとり，その一つの定まった元を R_0 とする．M の一つの定まった元を a_0，任意の元 a をとれば $a=\sigma a_0$ ($\sigma \epsilon G$, ただし σ は一意的とは限らない)．そこで $\bar{R}=(a, \sigma R_0)$ を元とする集合 $\bar{M}$ を考えると，これも G の標構の集まりであって，$\bar{R}=(a, \sigma R_0)$ を M の元 a に対応する $\bar{M}$ の元とみると，$\tau \bar{R}=(\tau a, \tau(\sigma R_0))$ ($\tau \epsilon G$) は点 τa に対応している．

例 G をユークリッド平面上の変位群とすれば，直角標構は上の意味での標構である．さらに M を点の集合にとれば，各点を頂点とする標構をその点に対応させることができる．

等質空間 群 G が集合 $M=\{a\}$ の上に推移的にはたらくとき，M を**等質空間**という．M の定まった元 a_0 に対し，$\sigma a_0 = a_0$ となる G の元 σ の全体を H とすると，H は部分群をなし，G/H は σH ($\sigma \epsilon G$) を元とする商群に分かれる．ここで a と σ の対応は一般には1対1でないが，a と σH の対応は1対1で，しかも G のその上へのはたらきかたは同一である．つまり，$\tau \epsilon G$ に対し，$\tau a = (\tau \sigma) a_0$ に $\tau(\sigma H) = (\tau \sigma) H$ が対応している．それで，

今後 M と G/H とを一致させて考えることできる．また，M の点 $a=\sigma a_0$ には，標構 $\bar{R}=(a, \sigma R_0)$ を対応させて考えることができたが，このような標構全体 $(a, \sigma H R_0)$ を対応させると，M と標構の集まり $\{\bar{R}\}$ の部分集合 $(a, \sigma H R_0)$ とを1対1に対応させることができる．つまり

$$a \longleftrightarrow \sigma H \longleftrightarrow \sigma H R_0 \tag{4.2}$$

例 G をユークリッドの変位群，a_0 を点にとれば，H は点のまわりの回転であり，R_0 を a_0 が原点の直角標構にとれば $\sigma H R_0$ は点 a を原点とする標構の全体である．

また a_0 を直線にとれば，H は直線 a_0 の方向の平行移動であり，R_0 の第一軸をこの直線上にとれば $\sigma H R_0$ は直線 a 上に第一軸をおく直角標構の全体になる．

変位 二つの標構 $R_1=\sigma R_0$, $R_2=\tau R_0$ ($\sigma, \tau \epsilon G$) があるとき，$(\tau\sigma^{-1})R_1=R_2$ だから，$\tau\sigma^{-1}$ は R_1 を R_2 へ移す変位である．また，R_1 を R_0 にもどす変位 σ^{-1} で R_2 は $\sigma^{-1}\tau R_0$ へ移る．

$\tau\sigma^{-1}$ を $R_2=\tau R_0$ の $R_1=\sigma R_0$ に対する**絶対変位**，$\sigma^{-1}\tau$ を**相対変位**という．

例 一次変換 $x_j' = \sum_{i=1}^{n} p_{ij} x_i$ ($|p_{ij}| \neq 0$, $i, j=1, \ldots, n$) のつくる群では，$e_1^0=(1, 0, \ldots, 0), \ldots, e_n^0=(0, \ldots, 0, 1)$ を基本の標構 R_0 にとり，$e_1=(p_{11}, p_{12}, \ldots, p_{1n}), \ldots, e_n=(p_{n1}, p_{n2}, \ldots, p_{nn})$ を標構 R にとることができる．

$x=(x_1, \ldots, x_n)$, $x'=(x_1' \ldots, x_n')$, $P=(p_{ij})$ とおけば

$$x' = xP$$

もう一つの変位

$$x'' = x'Q$$

を重ねておこなえば

$$x'' = xPQ \tag{4.3}$$

ゆえに，変位の重ねかたと，行列 P, Q の積の順とは逆である．

4・2 相 対 成 分

群 G の元 σ が r 個の径数 $(u_1, \ldots, u_r)$ で一意的に定まるものとし，単位元 e に対応するものは $(0, \ldots, 0)$ とする．$\sigma(u)=(u_1, \ldots, u_r)$ と $\sigma(v)=(v_1, \ldots, v_r)$ を合成したものを $\sigma(v)\sigma(u)=\sigma(w)=(w_1, \ldots, w_r)$ とすれば

$$w_p = f_p(u, v) = f_p(u_1, \ldots u_r; v_1, \ldots v_r) \quad (p=1, \ldots, r) \tag{4.4}$$

ここで f_p が $u_1, \cdots, u_r, v_1, \cdots, v_r$ について2回連続的微分可能,かつ

$$\frac{\partial(f_1, \cdots, f_r)}{\partial(u_1, \cdots, u_r)} \neq 0 \tag{4.5}$$

とする.$e = \sigma(0)$ に対し,$\sigma(0)\sigma(u) = \sigma(u)$,$\sigma(v)\sigma(0) = \sigma(v)$ だから

$$f_p(u_1, \cdots, u_r; 0, \cdots, 0) = u_p, \quad f_p(0, \cdots, 0; v_1, \cdots v_r) = v_p \tag{4.6}$$

である.さらに,$\sigma(u)^{-1}\sigma(u) = e = (0, \cdots, 0)$ だから,相対変位 $\sigma^{-1}(u)\sigma(u+du)$ の成分は $du_1, \cdots, du_r$ について一次以上である.そこで,その一次の部分をとったものを

$$\omega_p = \omega_p(u, du) = \sum_{q=1}^{r} a_{pq}(u) du_q \quad (p = 1, \cdots, r) \tag{4.7}$$

とおいて,これを G の**相対成分**という.またそれらの定数係数の一次結合をもやはり相対成分という.

 一次変換 $x' = xP$ の群については,(4.3)からわかるように微小相対変位は

$$(P + dP)P^{-1} = E + dP\,P^{-1} \quad (E \text{ は単位行列})$$

で与えられるから,行列 $dP \cdot P^{-1}$ の成分が相対成分である.

 一般に相対成分は次の諸性質をもっている.

 (I) 相対成分は変換に対して不変である.

 これを説明しよう.$\sigma(u)$ に一定の変換 $\sigma(c)$ をほどこしたものを $\sigma(u')$ とする.そうして,$\sigma(u') = \sigma(c)\sigma(u)$,$\sigma(u'+du') = \sigma(c)\sigma(u+du)$ の相対変位を考えると,これが $\sigma(u)$,$\sigma(u+du)$ の相対変位に等しいことは,

$$\sigma(u')^{-1}\sigma(u'+du') = (\sigma(c)\sigma(u))^{-1}(\sigma(c)\sigma(u+du)) = \sigma(u)^{-1}\sigma(u+du)$$

によってわかる.したがって

$$\omega_p'(u', du') = \omega_p(u, du) \quad (p = 1, \cdots, r) \tag{4.8}$$

 (II) 相対成分 $\omega_1, \cdots, \omega_r$ は一次独立である.

 それは,$\sigma(u)$ を単位元 $e = \sigma(0)$ へ移す変換 $\sigma(u)^{-1}$ によって相対成分は変らない.それで $\sigma(u)^{-1}\sigma(u+du) = \sigma(du')$ とおいて,$\sigma(du') = (du_1', \cdots, du_r')$ が一次独立であればよいが,これは性質 (4.5) から出てくる.

 (III) $\quad d\omega_p = \sum_{s<t} c_{stp}[\omega_s, \omega_t] \quad (c_{stp} = -c_{tsp} \text{ は定数}) \tag{4.9}$

4・2 相対成分

これは，$d\omega_p$ が二階の微分式だから $d\omega_p = \sum_{s<t} c_{stp} [\omega_s, \omega_t]$ $(c_{stp} = -c_{tsp})$ とおくことができるが，c_{stp} は u の函数である．（I）の変換により $\omega_p = \omega_p(u, du)$ が，$\omega_p' = \omega_p(u', du')$ になったとすれば (4・8) が成り立つから，$\omega_p = \omega_p'$ ゆえに $d\omega_p = d\omega_p'$ したがって

$$\sum_{s<t} c_{stp}(u) [\omega_s, \omega_t] = \sum_{s<t} c_{stp}(u') [\omega_s', \omega_t']$$

ゆえに
$$c_{stp}(u) = c_{stp}(u')$$

変換によって $\sigma(u)$ は任意の $\sigma(u')$ に移れるから，c_{stp} は定数である．これを**構造定数**といい，(4・9) を**構造方程式**という

主相対成分 G の部分群 H があって，$M = G/H$ を考えるとき，任意に定めた σ に対し，σH の元 $(u_1, \cdots, u_r)$ の全体は

$$F_i(u_1, \cdots, u_r) = c_i \qquad (c_i \text{ は定数}, i=1, \cdots, n)$$

で与えられるとする．ここに，F_i は 2 回連続的微分可能，かつ函数行列 $\left(\dfrac{\partial F_i}{\partial u_p}\right)$ $(i=1, \cdots, n;\ p=1, \cdots, r)$ の階数は n とする．

このとき $x_i = F_i(u_1, \cdots, u_r) - F_i(0, \cdots, 0)$ $(i=1, \cdots, n)$
と，そのほかにとった $t_{n+1}, \cdots, t_r$ とを合せて新しい変数にとる．ただし，単位元 e に対しては，$t_{n+1}=0, \cdots, t_r=0$ とする．このとき

$$\omega_p = \sum_{j=1}^{n} b_{pj}\, dx_j + \sum_{\alpha=n+1}^{r} b_{p\alpha}\, dt_\alpha$$

そこで，単位元のところで $\omega_p = \omega_p(0, dx, dt)$ を考えると，これは dx_j, dt_α の定数係数の一次独立な一次式であるから，

$$\sum_{p=1}^{r} a_p\, \omega_p(0, dx, dt) = \sum_{i=1}^{n} l_i\, dx_i \qquad (4・10)$$

となるような定数の組 $(a_1, \cdots, a_r)$ で一次独立なものを n 組とることができる．いま，$\sigma(c)$ を一定とし $\sigma(c)H$ からとった $\sigma(c)\sigma(u), \sigma(c)\sigma(u+du)$ の相対成分は $\sigma(u)^{-1}\sigma(u+du) = \sigma(dv)$ の相対成分である．$\sigma(dv)$ は H に沿っての単位元での変位だから，(4・10) で $x_i = 0$ であることからその相対成分は 0 となる．

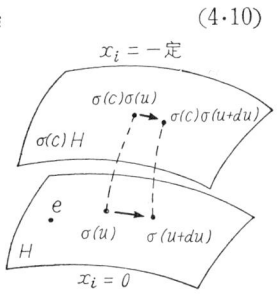

図 59

$\sigma(c)H$ に沿ってはやはり $x_i=$ 一定，したがって $dx_i=0$ だから，$dx_i=0$ である限り

$$\sum_p a_p\,\omega_p(x,t,dx,dt)=0$$

となる．つまり

$$\sum_{p=1}^r a_p\omega_p=\sum_{j=1}^n b_{ij}\,dx_j \qquad (i=1\cdots,\ n)$$

このような $\sum_{p=1}^r a_p\omega_p$ (a_p 定数) で一次独立なものが n 個あるわけである．この n 個を新たに $\omega_1,\cdots,\omega_n$ とおいて，これらを $M=G/H$ の**主相対成分**という．したがって，$M=G/H$ の元をきめる変数 $x_1,\cdots x_n$ に対し，

$$\omega_i=\sum_{j=1}^n b_{ij}(x,t)\,dx_j \qquad (i=1,\cdots,\ n) \tag{4.11}$$

$\boxed{M=G/H \text{ の元 } \sigma(c)H \text{ に沿っては } \omega_i=0\ (i=1,\cdots,n)}$

一次随伴変換 G の元 $\sigma(u),\ \sigma(u+du)$ に対し，相対位置が一定であるものは，$\sigma(u)\sigma(c),\ \sigma(u+du)\sigma(c)$ (c 一定) である．その相対変位は

$$(\sigma(u)\sigma(c))^{-1}(\sigma(u+du)\sigma(c))=\sigma(c)^{-1}(\sigma(u)^{-1}\sigma(u+du))\sigma(c)$$

この相対変位の成分を $\bar{\omega}_1,\cdots,\bar{\omega}_r$ とするとき

$$\boxed{\bar{\omega}_p=\sum_{q=1}^r c_{pq}\,\omega_q} \tag{4.12}$$

となることは明らかであるが，この変換の行列 (c_{pq}) は $\sigma(c)$ にのみ関係し，$\sigma(u)$ には無関係であることがわかっている．（証明は省略する）．この (c_{pq}) を $\sigma(c)$ に対応する**一次随伴変換**という．この変換は $\sigma(c)$ の群に準同型な群をなしている．

つぎに，とくに $\sigma(c)\in H$ の場合を考えてみよう．このとき，$\sigma(u)$ と $\sigma(u+du)$ とが同一の σH に属しているならば，$\sigma(u)\sigma(c)$ と $\sigma(u+du)\sigma(c)$ も同一の σH に属している．つまり一次随伴変換で $\omega_i=0\ (i=1,\cdots,n)$ という関係から $\bar{\omega}_i=0$ という関係が出るわけだから，一般に

$$\boxed{\bar{\omega}_i=\sum_{j=1}^n c_{ij}\,\omega_j}\quad (i=1,\cdots,\ n) \tag{4.13}$$

この変換 (c_{ij}) 全体のなす群を**一次方向群**（または一次等方群）という．

つぎに，$\sigma(w)=\sigma(v)\sigma(u)$ とおけば (4.4) により $w_p=f_p(u,v)$ であるが，(4.6) によって

$$\frac{\partial f_p}{\partial u_q}(0,0)=\delta_{pq}, \qquad \frac{\partial f_p}{\partial v_q}(0,0)=\delta_{pq}$$

だから，u_p,v_p が微小のときは

$$w_p=\sum_q \frac{\partial f_p}{\partial u_q}(0,0)u_q+\sum_q \frac{\partial f_p}{\partial v_q}(0,0)v_q+\cdots=u_p+v_p+(\text{高次の項}) \quad (4\cdot14)$$

とくに，$\sigma(v)\sigma(u)=\sigma(0)$ なら $u_p+v_p=0$ （高次の項を除く） (4.15)

そこで，$\sigma(u),\sigma(u+du)$ の相対成分を $\omega_p(p=1,\cdots,r)$ とし，$\sigma(u)\sigma(c)$, $\sigma(u+du)\sigma(c+dc)$ の相対成分を $\bar{\omega}_p$；$\sigma(c),\sigma(c+dc)$ の相対成分を $\omega_p^{(0)}$ とすると

$$(\sigma(u)\sigma(c))^{-1}(\sigma(u+du)\sigma(c+dc))$$
$$=\sigma(c)^{-1}(\sigma(u)^{-1}\sigma(u+du))\sigma(c)\cdot(\sigma(c)^{-1}\sigma(c+dc))$$

だから (4.14) (4.12) によって

$$\bar{\omega}_p=\sum_{q=1}^{r} c_{pq}\,\omega_q+\omega_p^{(0)} \qquad (4\cdot16)$$

とくに，$\sigma(c),\sigma(c+dc)$ が H に属するときは，$\omega_i^{(0)}=0 \quad (i=1,\cdots,n)$ だから，(4.13) によって，このときも

$$\boxed{\bar{\omega}_i=\sum_{j=1}^{n} c_{ij}\,\omega_j} \qquad (4\cdot17)$$

主相対成分でない相対成分 $\omega_\alpha(\alpha=n+1,\cdots,r)$ に対しては

$$\bar{\omega}_\alpha=\sum_{p=1}^{r} c_{\alpha p}\,\omega_p+\omega_\alpha^{(0)} \qquad (\alpha=n+1,\cdots r) \qquad (4\cdot18)$$

4.3 不 変 測 度

$M=G/H$ での測度 このとき，M の元は $\sigma(u)H$ で表わされる．そこで，H の中から $\sigma(c),\sigma(c+dc)$ をとって，$\sigma(u)\sigma(c),\sigma(u+du)\sigma(c+dc)$ の主相対成分を考えると，これは $\sigma(c)$ に依存していることが (4.17) でわかる．ところが，変換の行列 (c_{ij}) がユニモジュラー（行列式が±1）なら，

$$[\bar{\omega}_1\cdots\bar{\omega}_n]=\pm[\omega_1\cdots\omega_n] \qquad (4\cdot19)$$

となって，これは符号を除いては $\sigma(c)$, $\sigma(c+dc)$ のとりかたに関係しない．したがって，これは $M=G/H$ の点 $\sigma(u)H$, $\sigma(u+du)H$ できまるもので，M の点の集まりの測度素片となるわけである．つまり，(4・11) でみるように，ω_i には一般に t がふくまれているが，

$$[\omega_1\cdots\omega_n]=A(x_1,\cdots,x_n)[dx_1\cdots dx_n] \qquad (4\cdot20)$$

には t がふくまれていない．さらにこれが変位に対して不変なことは，相対成分の不変性からわかる．かくして

> 一次方向群がユニモジュラーなら，$M=G/H$ は不変測度をもつ．

(4・19) の条件は，
$$d[\omega_1\omega_2\cdots\omega_n]=0 \qquad (4\cdot21)$$
とも書ける．また，(4・9) を用いれば，この条件は，次の関係になる．

$$\sum_{i=1}^{n}c_{\alpha i i}=0 \qquad (\alpha=n+1,\cdots,r) \qquad (4\cdot22)$$

位置の測度　標構の測度素片を

$$dK=[\omega_1\cdots\omega_r]$$

で与えれば，これは変位に対して不変である．いま，基本の標構を R_0 とし，$\sigma(u)R_0$ に対して一定の相対的の位置にある標構 $\sigma(u)\sigma(c)R_0$ (c は一定) をとると $\sigma(u)R_0$ の相対成分 ω_p と $\sigma(u)\sigma(c)R_0$ の相対成分 $\bar{\omega}_p$ の間には (4・12) で与えられる関係がある．そこで $|c_{pq}|=\pm 1$ ならば

$$[\bar{\omega}_1\cdots\bar{\omega}_r]=\pm[\omega_1\cdots\omega_r] \qquad (4\cdot23)$$

であって，これが選択に対する不変性である．また $R=\sigma(u)R_0$ において，R を固定したときの R_0 は $R_0=\sigma(u)^{-1}R$，その相対成分は

$$(\sigma(u)^{-1})^{-1}(\sigma(u+du)^{-1})=\sigma(u)(\sigma(u)^{-1}\sigma(u+du))^{-1}\sigma(u)^{-1} \qquad (4\cdot24)$$

(4・15) によって，$(\sigma(u)^{-1}\sigma(u+du))^{-1}$ の相対成分は $\sigma(u)^{-1}\sigma(u+du)$ の相対成分 ω_p の符号をかえたものであり，さらに (4・12) により，(4・24) の成分 ω_p は

$$\bar{\omega}_p=\sum_{q}u_{pq}(-\omega_q) \qquad (4\cdot25)$$

となる．ここに (u_{pq}) は $\sigma(u)$ に対応する一次随伴変換である．したがって，$|u_{pq}|=\pm 1$ のときは，(4・23) が成り立つ．これが逆不変性で，

4・3 不変測度

> 一次随伴群がユニモジュラーならば，位置の測度について選択に対する不変性，逆不変性が成り立つ．

$|u_{pq}|=\pm 1$ という条件は，構造定数についていえば

$$\sum_{s=1}^{r} c_{pss}=0 \qquad (p=1,\cdots,r) \tag{4・26}$$

となる．一次方向群が直交変換群のときは，(4・17) に対して，

$$\bar{\omega}_1{}^2+\cdots+\bar{\omega}_n{}^2=\omega_1{}^2+\cdots+\omega_n{}^2 \tag{4・27}$$

となり，$M=G/H$ に不変なリーマン計量が入り，M は等質のリーマン空間になるが，直交変換はユニモジュラーだから，不変測度をもっている．

同じように，一次随伴群が直交変換群のときは，標構の集まりに選択に対する不変性，逆不変性をもつリーマン計量 $\omega_1{}^2+\cdots+\omega_r{}^2$ が導入されて，したがって不変測度も入る．

H がコンパクトなときは $M=G/H$ は等質なリーマン空間となり，G がコンパクトなときは，選択に対する不変性，逆不変性をもつ等質リーマン空間になる．第3章で述べたように，ユークリッド空間で

    点の全体

    原点をとおる k 次元平面の全体 $(k=1,2,\cdots,n-1)$

は等質なリーマン空間である．ところが，ユークリッド空間で

    k 次元平面の全体 $(k=1,2,\cdots,n-1)$

には不変測度は入るが，これは等質なリーマン空間にはならない．また，

    射影空間の点の全体，　　k 次元平面の全体

には不変測度は入らない．しかし

    n 次元射影空間の k 次元平面と $(n-k)$ 次元平面を組にしたものを元とする空間

    射影空間で，射影変換で合同となる二次超曲面の全体

は等質なリーマン空間である．さらに，

    回転群，　　射影変換群

には選択不変性，逆不変性をもつリーマン計量が入り，

ユークリッド空間の変位群

には，このような不変性をもったリーマン計量は入らないが，不変測度はもっている．

不変リーマン計量や，不変測度のほかに，いろいろの不変な量が $M=G/H$ や G 自身に入ることがある．$M=G/H$ のときについていえば，一次方向群によって ω_i の同次整式 $P(\omega_1,\cdots,\omega_n)$ が不変なら，これは M の不変微分計量であり，ω_i の同次の外積 $\sum a_{i_1\cdots i_k}[\omega_{i_1}\cdots\omega_{i_k}]$ が不変なら，これは M の不変外微分形式である．また，G の場合についても同様にして，一次随伴群で不変な微分式，外微分式は選択不変性，逆不変性をもっている．

4.4 Stokes の定理の応用

二変数の一次微分式

$$\omega = a_1(u_1, u_2)\,du_1 + a_2(u_1, u_2)\,du_2$$

が C_1 級とし，2次元平面内の閉曲線 c とそのかこむ部分 D をとると

$$\int_D d\omega = \int_c \omega \tag{4・28}$$

となるというのが Stokes の定理である．これは，さらに ω が n 次元空間の k 階の外微分形式，D が $k+1$ 次元の曲面分，c がその周のときも成り立っている．この Stokes の定理を幾何学に応用すると，いろいろのおもしろい結果が得られる．そのような例をあげよう．

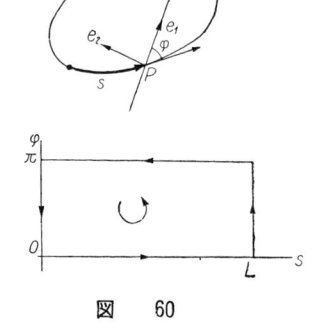

（i）ユークリッド平面で標構 (P, e_1, e_2) の微小相対変位を

$$dP = \omega_1 e_1 + \omega_2 e_2,$$
$$de_1 = \omega_{12} e_2, \qquad de_2 = -\omega_{12} e_1$$

で与えれば，直線 l の測度は，その上に点 P とベクトル e_1 をとるとき

$$dG = [\omega_{12}, \omega_2]$$

図 60

4·4 Stokes の定理の応用

で与えられる. (p.34. 符号は変えてある.) 構造方程式 (3·10) によれば
$$d\omega_1 = [\omega_2, \omega_{21}] = [\omega_{12}, \omega_2] \qquad (4·29)$$

そこで，凸閉曲線 c に交わる直線の測度を考えてみよう．このとき，c 上の定点から一方のまわり向きにまわって一点 P にいたる弧の長さを s，この点で c の接線と角 φ をなす直線をとり，P を標構の原点にとる．そうすれば，ω_1, ω_2, ω_{12} は s, φ の微分式とみられ，c に交わるすべての直線についていえば，（2度ずつかぞえて）
$$0 \leq \varphi \leq \pi, \quad 0 \leq s \leq L \quad (L \text{ は } c \text{ の全長})$$
で，これを領域 D とみて (4·29) に (4·28) を適用する．
D の周を図の矢の方向にとり，$\omega_1 = (d\mathrm{P}, e_1) = ds\cos\varphi$ を用いて
$$\int 2\,dG = \int_D [\omega_2, \omega_{21}] = \int_D d\omega_1 = \int \omega_1 = \int \cos\varphi\, ds$$
$$= \int_0^L \cos 0\, ds + \int_\pi^0 \cos\pi\, ds = 2L$$

ゆえに
$$\int dG = L$$

同じようにして，凸閉曲線 c_1 の中に凸閉曲線 c があるとき，c に交わる直線全体の測度を c_1 に関する積分で表わしてみよう．c_1 上の定点から任意の点 P_1 にいたる弧長を s_1，P_1 から c へひいた2接線が c_1 の接線となす角を φ_1, φ_2 とすると，上と同様に
$$\int_0^{L_1} (\cos\varphi_1 - \cos\varphi_2)ds_1 = 2L \qquad (L \text{ は } c \text{ の全長})$$
が得られる．

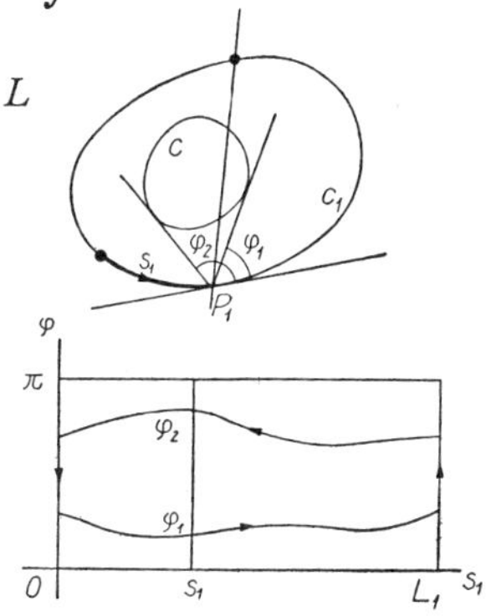

図 61

(ii) 3次元空間の単位球面上にとった直角標構 (P, e_1, e_2) の集まりについて，(2·20) で述べたように
$$d\mathrm{P} = \omega_1 e_1 + \omega_2 e_2, \quad de_1 = -\omega_1 \mathrm{P} + \omega_{12} e_2, \quad de_2 = -\omega_2 \mathrm{P} - \omega_{12} e_1 \qquad (4·30)$$
とおけば，構造方程式 (3·10) により ($\omega_{01} = \omega_1$, $\omega_{02} = \omega_2$ とみる).
$$d\omega_{12} = -[\omega_1, \omega_2] \qquad (4·31)$$

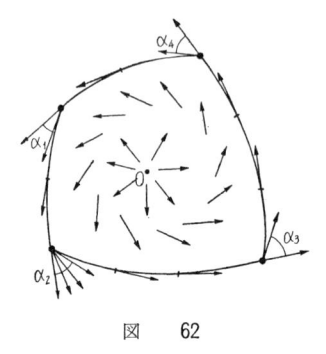

球面上で,有限個の滑らかな(接線があって,連続的に変る)曲線弧 γ で囲まれた領域 A を考え,その面積を S とする.このとき,γ 上で接線方向に一定のまわり向きで単位ベクトルをひき,曲線弧のつなぎ目の角のある所では,両方にひいた接線の間のすべてのベクトルをひく.さらに A 内の点 O からすべての方向に単位ベクトルをひく.つぎに,A 内のすべての点で球に接する単位ベクトルをひき,これと上に述べた γ の接線と O から出るベクトルを合せて,連続的微分可能なベクトル場になるようにする.(このことが可能であることの証明は,ここではやらない.)このベクトル場の原点を P,ベクトルを e_1 にとって直角標構 (P, e_1, e_2) をつくり,その全体を D とすると,D の周は,γ 上に原点をもつ標構の集まり $\varGamma$ と,O に原点をもつ標構の集まり $\varLambda$ である.

図 62

そこで (4・31) に Stokes の定理を適用して

$$S=\int dS=\int [\omega_1, \omega_2]=\int -d\omega_{12}=\int -\omega_{12}=\int_{\varGamma} -\omega_{12}+\int_{\varLambda} \omega_{12} \quad (4\cdot 32)$$

O のところでは ω_{12} は回転角の微分だから $\quad \int_{\varLambda} \omega_{12}=2\pi$

また,γ 上の滑らかな所では,(4・30) で $\omega_2=0$ とおいた式

$$dP=\omega_1 e_1, \quad de_1=\omega_{12} e_2-\omega_1 P, \quad de_2=-\omega_{12} e_1$$

が成り立つ.$\omega_1=ds$(γ の線素)であることを用い,

$$\omega_{12}=k\, ds \quad (4\cdot 33)$$

とおいて,k を測地的曲率という.また γ の角の所では $\int \omega_{12}$ は接線方向の回転角 α_i $(i=1, 2, \cdots, n)$ になる.したがって (4・32) より

$$S=2\pi-\int k\, ds-\sum_i \alpha_i \quad (4\cdot 34)$$

とくに,γ の滑らかな部分が大円の弧とすれば $\quad \int k\, ds=0$ となり

4·4 Stokes の定理の応用

$$S = 2\pi - \sum_i \alpha_i \tag{4·35}$$

(4·34)の結果を一般の曲面上に拡張したのが Gauss–Bonnet の定理である．

(iii) 3次元ユークリッド空間で，直線 l の集まりを考え，l 上に点 P と単位ベクトル e_1 をとり，直角標構（P, e_1, e_2, e_3）をつくる．その相対成分を (3·7) で述べたように ω_i, ω_{ij} $(i, j = 1, 2, 3)$ とし，さらに，$\bar{P} = P + u e_1$, $\bar{e}_1 = e_1$, $\bar{e}_2 = e_2 \cos\theta + e_3 \sin\theta$, $\bar{e}_3 = -e_2 \sin\theta + e_3 \cos\theta$ によって別の標構（$\bar{P}$, $\bar{e}_1$, $\bar{e}_2$, $\bar{e}_3$）をつくり，その相対成分を $\bar{\omega}_i$, $\bar{\omega}_{ij}$ とすれば

$$\bar{\omega}_2 = \omega_2 \cos\theta + \omega_3 \sin\theta + u(\omega_{12} \cos\theta + \omega_{13} \sin\theta),$$
$$\bar{\omega}_3 = -\omega_2 \sin\theta + \omega_3 \cos\theta + u(-\omega_{12} \sin\theta + \omega_{13} \cos\theta),$$
$$\bar{\omega}_{12} = \omega_{12} \cos\theta + \omega_{13} \sin\theta \qquad \bar{\omega}_{13} = -\omega_{12} \sin\theta + \omega_{13} \cos\theta$$

ω_2, ω_3, ω_{12}, ω_{13} は主相対成分で，かつ

$$[\bar{\omega}_2, \bar{\omega}_{21}] + [\bar{\omega}_3, \bar{\omega}_{31}] = [\omega_2, \omega_{21}] + [\omega_3, \omega_{31}] \tag{4·36}$$

したがって，直線の2径数集合（これを直線叢という）があるとき，

$$dK = [\omega_2, \omega_{21}] + [\omega_3, \omega_{31}] \tag{4·37}$$

は直線の集まりの不変微分式である．

そこで，二つの径数を a_1, a_2 とし，(a_1, a_2) を座標とする平面内で領域 D，その周 c を考えると，構造方程式によれば

$$d\omega_1 = [\omega_2, \omega_{21}] + [\omega_3, \omega_{31}] \tag{4·38}$$

だから

$$\int_D dK = \int_D d\omega_1 = \int_c \omega_1 \tag{4·39}$$

c に対応する直線の集まりに対し，その直線上にとった点 P が直線 l_0 上の P_0 から出発して一周の後 l 上の P_1 にもどったとする．P のえがく線を Γ，その線素を ds, P での Γ の接線と P をとおる直線 l とのなす角を φ とすれば，Γ 上では

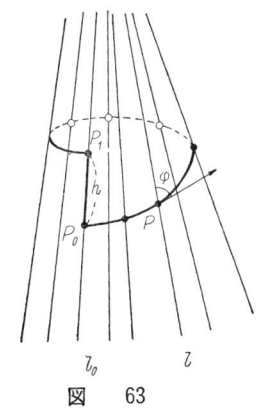

$$\omega_1 = (dP, e_1) = ds \cdot \cos\varphi$$

また，P_1 から P_0 へ至る間は，P の動く微小距離を dh とすると $\omega_1 = dh$．

図 63

ゆえに (4・39) から

$$\int dK = \int_\Gamma \cos\varphi\, ds + h \qquad (h = \mathrm{P}_0\mathrm{P}_1) \qquad (4\cdot40)$$

とくに, $\varphi = \dfrac{\pi}{2}$ にとれば $\quad\int dK = h$

ゆえに, h は P_0 の位置に関係なく, c に変わるこの直線の集まりに固有の数である. とくに, $dK=0$ のときは $h=0$ で, どの c についても $h=0$ となる.

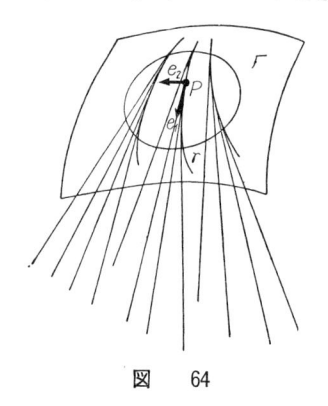

このような直線叢を法線叢という. このときは, すべての直線がある一つの曲面の法線になっている.

空間で, 曲線 γ の一径数集合をとり, その接線全体からなる直線叢を考える. このような直線叢はそう特別なものでなく, 多くのものがそうなっている. これらの γ が曲面をつくるとき, これを焦曲面 F という. これらの直線上にとる標構の原点 P を, γ と

図 64

焦曲面 F との接点にとり, この標構の第 2 軸 e_2 が F に接するようにすれば

$$d\mathrm{P} = \omega_1 e_1 + \omega_2 e_2,\ \ de_1 = \omega_{12} e_1 + \omega_{13} e_3,\ \ de_2 = -\omega_{12} e_2 + \omega_{23} e_3$$

したがって, この標構については (4・37) より $\quad dK = [\omega_2, \omega_{21}]$

γ に沿っては $\omega_2 = 0$. このとき $\omega_1 = ds$, $\omega_{12} = k\, ds$ とおいて, k を γ の F 上での測地的曲率という. また $dS = [\omega_1, \omega_2]$ は曲面 F の面素で, これらを用いて

$$dK = k\, dS \qquad (4\cdot41)$$

2. 等質でない空間での測度

4.5 変分学と積分不変式

等質でない空間では, 任意の点を任意の点へ移す変位というものがないので, 変位に対して不変な測度はない. しかし, ある特殊の場合には, ユークリッド平面や球面の場合と類似の結果を出すことができる. これを述べよう.

4·5 変分学と積分不変式

$2n$ 個の変数の C_2 級の函数 $F(x, y) = F(x_1, \cdots, x_n; y_1, \cdots, y_n)$ があって任意の正数 k に対し,

$$F(x_1, \cdots, x_n; ky_1, \cdots, ky_n) = k F(x_1, \cdots, x_n; y_1, \cdots, y_n) \quad (4\cdot 42)$$

とする. そこで, $(x_1, \cdots, x_n)$ を座標とする n 次元空間に, 曲線

$$c: x_i = x_i(t), \quad t_1 \leq t \leq t_2 \quad (i=1, \cdots, n) \quad (4\cdot 43)$$

をとり, $y_i = \dfrac{dx_i}{dt} = x_i{}'$ とおいて, 積分

$$I = \int_{t_1}^{t_2} F(x, x') \, dt = \int_{t_1}^{t_2} F(x_1, \cdots, x_n; x_1{}', \cdots, x_n{}') dt \quad (4\cdot 44)$$

を考える. いま, (4·43) と端点を共有する一径数の曲線群

$$x_i = f_i(t, \varepsilon) \quad (4\cdot 45)$$

を考え, これが $\varepsilon = 0$ のとき, (4·43) に一致するとする. そうすれば, これらの曲線に沿って積分 I は ε の函数であるが, (4·45) をどう選んでも

$$\left(\frac{dI}{d\varepsilon} \right)_{\varepsilon=0} = 0$$

となっているとき, (4·43) を (4·44) の**極値曲線**という.

いま,

$$p_i = \frac{\partial F}{\partial y_i} \quad (4\cdot 46)$$

とおくとき, (4·42) によって x_i, p_i の間に

$$H(x, p) = H(x_1, \cdots, x_n; p_1, \cdots, p_n) = 0 \quad (4\cdot 47)$$

という関係式があることがわかっている. その H のとりかたは一通りではないが, 極値曲線はつねに微分方程式

$$\frac{dx_i}{dt} = \lambda \frac{\partial H}{\partial p_i}, \quad \frac{dp_i}{dt} = -\lambda \frac{\partial H}{\partial x_i} \quad (4\cdot 48)$$

の解となっている. (変分学の定理). そこで, まず 2 つの径数をもった極値曲線の集まりについて

$$\varOmega = \sum_{i=1}^{n} [dx_i, dp_i] \quad (4\cdot 49)$$

が, 次の 2 つの不変性をもつことを証明しよう.

（i） 座標変換に対して $\varOmega$ は不変である.

変数 $x_1, \cdots, x_n$ の代りに

$$x_i = \varphi_i(\bar{x}_1, \cdots, \bar{x}_n) \qquad \left(\left|\frac{\partial x_i}{\partial \bar{x}_j}\right| \neq 0\right) \tag{4.50}$$

によって,座標 $\bar{x}_i$ を導入すると

$$dx_i = \sum_j \frac{\partial x_i}{\partial \bar{x}_j} d\bar{x}_j \tag{4.51}$$

また,$y_i = \sum_j \dfrac{\partial x_i}{\partial \bar{x}_j} \bar{y}_j$ とおいてこれと (4.50) を $F(x, y)$ に代入した式を $\bar{F}(\bar{x}, \bar{y})$ とおく.つまり

$$F(x_1, \cdots, x_n; y_1, \cdots, y_n) = \bar{F}(\bar{x}_1, \cdots, \bar{x}_n; \bar{y}_1, \cdots, \bar{y}_n)$$

そして,$\qquad \bar{p}_i = \dfrac{\partial \bar{F}}{\partial \bar{y}_i}$

とおけば,$\qquad \bar{p}_i = \sum_j \dfrac{\partial \bar{F}}{\partial y_j} \dfrac{\partial y_j}{\partial \bar{y}_i} = \sum_j \dfrac{\partial F}{\partial y_j} \dfrac{\partial x_j}{\partial \bar{x}_i} = \sum_j p_j \dfrac{\partial x_j}{\partial \bar{x}_i} \tag{4.52}$

(4.51) (4.52) より $\quad \sum_i \bar{p}_i \, d\bar{x}_i = \sum_{ji} p_j \dfrac{\partial x_j}{\partial \bar{x}_i} d\bar{x}_i = \sum_j p_j \, dx_j \tag{4.53}$

ゆえに外微分して $\quad \sum_i [d\bar{p}_i, d\bar{x}_i] = \sum_i [dp_i, dx_i] \tag{4.54}$

(ii) 極値曲線上で点 $(x_1, \cdots, x_n)$ をずらしても Ω は不変である.
極値曲線の 2 径数 a_1, a_2 をもった集まりを

$$x_i = x_i(t, a_1, a_2)$$

とすれば,この曲線上では $\qquad p_i = p_i(t, a_1, a_2)$

そこで,(a_1, a_2) を座標とする平面内で単一閉曲線 c を考え,その囲む領域を D とし,定まった t に対して,(4.49) の積分 $\displaystyle\int_D \Omega$ を考える.そうすれば,

$$\omega = -\sum_i p_i \, dx_i \tag{4.55}$$

とおくと,$\qquad\qquad\qquad d\omega = \Omega \tag{4.56}$

であることから,Stokes の定理により

$$\int_D \Omega = \int_D d\omega = \int_c \omega \tag{4.57}$$

そこで,(4.57) で t を $t+\delta t$ にかえるときの微小変化を δ で表わすことに

4·5 変分学と積分不変式

すれば，(4·48) によって

$$\delta x_i = \lambda \frac{\partial H}{\partial p_i} \delta t, \qquad \delta p_i = -\lambda \frac{\partial H}{\partial x_i} \delta t \tag{4·58}$$

ところが，

$$\delta \int_c \omega = \int_c \delta \omega = \int_c \delta\left(-\sum_i p_i\, dx_i\right) = -\int_c \left(\sum_i \delta p_i\, dx_i + \sum_i p_i\, \delta(dx_i)\right)$$

δ は t の変化，d は a_1, a_2 の変化に対応するものであるから，$\delta(dx_i) = d(\delta x_i)$ となり，部分積分

$$\int \sum_i p_i\, \delta(dx_i) = \int \sum_i p_i\, d(\delta x_i) = \sum_i p_i\, \delta x_i - \int \sum_i dp_i\, \delta x_i$$

によって

$$\delta \int_c \omega = -\int_c \left(\sum_i \delta p_i\, dx_i - \sum_i dp_i\, \delta x_i\right)$$

(4·58) を代入して (4·47) を参照すれば $H=0$ だから，

$$\delta \int_c \omega = \int_c \lambda\, dH\, \delta t = 0$$

ゆえに，極値曲線に沿って点 $x=(x_1,\cdots,x_n)$ をずらして考えても $\int_c \omega$ は変らない．したがって $\int_D d\omega = \int_D \Omega$ もやはり変らない．つまり Ω が不変である．

この Ω の不変性から，

$$\Omega^2 = [\Omega\Omega] = -2\sum_{i<j}[dx_i\ dx_j\ dp_i\ dp_j] \tag{4·59}$$

$$\Omega^3 = [\Omega\Omega\Omega] = -3!\sum_{i<j<k}[dx_i\ dx_j\ dx_k\ dp_i\ dp_j\ dp_k] \tag{4·60}$$

$$\cdots\cdots\cdots\cdots\cdots$$

も同様の不変性をもつことがわかる．

一般に，極値曲線全体の集合を考えると，これは $x_n=$ 一定 という面上の任意の点をとおって，任意の方向にひけると考えられるから，$2(n-1)$ 個の径数をふくんでいる．したがって，

$$\boxed{\Omega^{n-1} = [\Omega \cdots \Omega] \quad (n-1\ \text{個の外積})} \tag{4·61}$$

は極値曲線の集まりの不変測度素片と考えられる．

とくに，$n=2$ では Ω 自身が極値曲線の不変測度素片となる．

$n=2, 3$ のとき，等質でなく，等方向性をもたない媒質内を光が進む場合は，(4・44) の積分を (4・43) の $t_1 \leqq t \leqq t_2$ 間の光学的の長さと考えることができる．したがって，Fermat（フェルマー）の原理によれば，極値曲線は光の進路つまり光線となる．ゆえに，$n=2$ のときの Ω，$n=3$ のときの $[\Omega\Omega]$ は光線の集まりの測度と考えられる．反射，屈折などの光線の変換によって Ω が不変であることがわかっているので，これらの光線の測度は，光学的の変換に対して不変といえるわけである．

4.6　2次元曲面上の測度

2次元の空間で曲線 $x_i = \varphi_i(t)$ $(i=1, 2)$ の $t_1 \leqq t \leqq t_2$ 間の弧長が

$$L = \int_{t_1}^{t_2} \sqrt{g_{11} x_1'^2 + 2 g_{12} x_1' x_2' + g_{22} x_2'^2} \, dt \quad \left(x_i' = \frac{dx_i}{dt} \right) \quad (4・62)$$

で与えられるものが，2次元のリーマン空間である．ここに g_{ij} は C_1 級で，対称行列 (g_{ij}) は正定符号とする．3次元ユークリッド空間の2次元の曲面は，弧長をふつうの方法で計ることにすれば，2次元のリーマン空間になる．

リーマン空間は前節で扱った空間の特別な場合で，このときの極値曲線を**測地線**という．2次元のリーマン空間では，適当に座標 (x_1, x_2) をとると，(4・62) で

$$g_{11} = 1, \quad g_{12} = 0, \quad g_{22} = g^2 \quad (g > 0)$$

つまり　　　　　$ds^2 = dx_1^2 + g^2 dx_2^2$　　　(ds は弧長の微分)　　　(4・63)

となることがわかっている．（基礎数学講座，微分幾何学 p. 155）

このリーマン空間では，点 P のまわりの曲面素 dP は

$$dP = [dx_1, \, g\, dx_2] = g\, [dx_1, \, dx_2] \quad (4・64)$$

で与えられ，これが座標のとりかたは無関係なこともわかっている．

測地線の測度　点 $P(x_1, x_2)$ をとおる測地線 G が，この点をとおる $x_2 =$ 一定　なる線となす角を α とすれば，

$$\tan \alpha = g x_2'/x_1'$$

(4・44) の記号でいえば，　　　$F = \sqrt{x_1'^2 + g^2 x_2'^2}$

4·6　2次元曲面上の測度

だから (4·46) によって

$$p_1 = \frac{\partial F}{\partial x_1'} = \frac{x_1'}{\sqrt{x_1'^2 + g^2 x_2'^2}} = \frac{1}{\sqrt{1+\tan^2 \alpha}} = \cos \alpha$$

$$p_2 = \frac{\partial F}{\partial x_2'} = \frac{g x_2'}{\sqrt{x_1'^2 + g^2 x_2'^2}} = g \sin \alpha$$

したがって測地線の測度素片 dG は

$$dG = [dx_1, dp_1] + [dx_2, dp_2]$$

$$= -\sin\alpha [dx_1, d\alpha] + g\cos\alpha [dx_2, d\alpha] - \frac{\partial g}{\partial x_1} \sin\alpha [dx_1, dx_2] \quad (4·65)$$

とくに各測地線に対し $\alpha = \dfrac{\pi}{2}$ となるように P がとってあれば

$$dG = -\frac{\partial g}{\partial x_1}[dx_1, dx_2] \tag{4·66}$$

次に，この曲面上の曲線弧 c に交わる測地線全体の測度を考えてみよう．

c 上で定点から点 P へ至る弧の長さを s，P での c の接線と $x_2 =$ 一定 なる線のなす角を θ とすれば

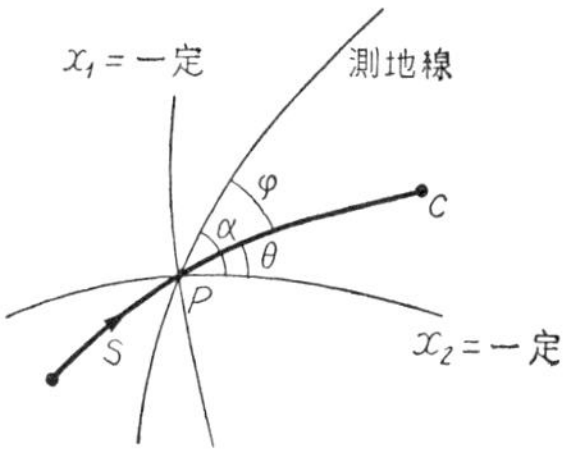

$$dx_1 = ds \cos\theta, \quad g dx_2 = ds \sin\theta$$

したがって (4·65) により

図 65

$$dG = \sin(\theta - \alpha)[ds, d\alpha]$$

$\alpha - \theta = \varphi$ とおけば，θ は s の函数だから

$$\boxed{dG = -\sin\varphi\, [ds,\, d\varphi]} \tag{4·67}$$

したがって，c の長さを L，測地線と c の交点の数を n とすれば

$$\int n\, dG = 2L \tag{4·68}$$

であることは p.16 と同様に証明できる．

位置の測度　曲面上で測地線の集まりを考えてその測度素片を dG，測地線上の弧長の微分を dl とし，

$$\boxed{dK = [dl, dG]} \tag{4·69}$$

によって位置の測度素片を定義すると，これは座標 (x_1, x_2) のとりかたに関係しないことは，dG がそうであることからわかる．測地線と $x_2=$ 一定 の線のなす角を α とすると

$$dx_1 = dl\cos\alpha + m\,d\alpha$$

これと (4·65) を (4·69) に代入して

$$dK = g\,[dx_1\,dx_2\,d\alpha] \tag{4·70}$$

ところが，点 P のでの曲面素は $\quad dP = g\,[dx_1, dx_2]$

したがって
$$dK = [dP,\ d\alpha] \tag{4·71}$$

このような式を用いて，平面上の積分公式に類似のものをいろいろ導くことは，L. A. Santaló によってなされている．

索引

イ

一次随伴変換 ……………………96
一次方向群 ………………………97
一重推移的 ………………………92

オ

Euler–Poincaré の指標 …………79

カ

外積 …………………………………7
Gauss–Bonnet の定理 …………103
Cartan, E. …………………………5

キ

逆不変性 …………………………23, 71
Guldin–Pappus の定理 …………65
極値曲線 …………………………105
曲面 ………………………………73
曲面分 ……………………………74

ク

Klein, F. …………………………4
Grassmann の代数 ………………6
Crofton ……………………………5
群 …………………………………42, 91

ケ

原始格子点 ………………………56
――――,基本の ………………56

コ

格子 ………………………………56
――――,基本の ………………56
格子点 ……………………………56
構造定数 …………………………95
構造方程式 ………………………61, 95
合同 ………………………………4, 91

サ

Santaló, L. A. …………………28, 110

シ

射影空間 …………………………99
重心 ………………………………64
主相対成分 ………………………33, 66, 95, 96
Steiner ……………………………28
商群 ………………………………92

ス

推移的 ……………………………92
Stokes の定理 ……………………10, 100

セ

星領域 ……………………………59
積分幾何学 ………………………6
積分幾何の主公式 ………………28, 80
積分不変式 ………………………104
絶対変位 …………………………93

ソ

双曲幾何 …………………………50
双曲線函数 ………………………40
相対成分 …………………………31, 61, 93
相対変位 …………………………93
測地線 ……………………………108
測度 ………………………………3
――――,点の ………………12, 32, 35
――――,直線の ……………14, 33, 69
――――,位置の ……………22, 34, 38, 98
――――,大円の ……………36
――――,平面の ……………65
――――,超平面の …………69
――――,標構の ……………75
――――,測地線の …………108
――――,ユークリッド的の …42
――――,楕円的の …………42

タ

―, 双曲的の ……………………42
楕円幾何 ………………………43

チ

Chern, S.S.（陳省身）……………80
超曲面 ……………………………75
――の主曲率 ……………………75
直線の対 …………………………18
直角標構 …………………………22

テ

定幅曲線 …………………………17
点の対 ……………………………18

ト

同次アフィン変換 ………………51
等質空間 …………………………91
等質リーマン空間 ………………99
等周問題 …………………………24
動標構 ……………………………60
凸閉曲線 …………………………17
凸閉曲面 …………………………89

ハ

Haar の測定 ……………………4
幅 …………………………………17

ヒ

標構 ……………………………31, 92

フ

von Neumann …………………42

Fermat …………………………108
Buffon …………………………5
Blaschke ………………………5
不変性 …………………………70, 71
――, 選択に対する ……………23, 71
――, 変位に対する ……………70
不変測度 ………………………15, 97
――の素片 ………………………15

ヘ

平均曲率 …………………………76
――の積分 ………………………76
平行曲線 …………………………14
閉超曲面の全曲率 ………………78
変位 ……………………………12, 93
変分学 …………………………104

ホ

Poincaré ………………………5, 24

ミ

Minkowski–Hlawka の定理 ……59

ユ

ユニモジュラー …………………97

リ

リーマン計量 ……………………99
Reuleaux の三角形 ……………18

ワ

Weyl, H. ………………………65

―― 著者紹介 ――

栗田　稔
くりた　みのる

　　1937年　東京大学理学部数学科卒業
　　　　　　名古屋大学名誉教授・理学博士

復刊　積分幾何学

検印廃止

© 1956, 2009

1956年12月20日　初版1刷発行	著　者	栗　田　　　稔
1967年 9月15日　初版3刷発行	発行者	南　條　光　章
2009年10月10日　復刊1刷発行		東京都文京区小日向4丁目6番19号

NDC 414.7

発行所　東京都文京区小日向4丁目6番19号
　　　　電話　東京 (03)3947-2511番　(代表)
　　　　郵便番号 112-8700
　　　　振替口座 00110-2-57035番
　　　　URL http://www.kyoritsu-pub.co.jp/

共立出版株式会社

印刷・藤原印刷株式会社　　製本・中條製本

Printed in Japan

社団法人
自然科学書協会
会員

ISBN 978-4-320-01900-3

JCOPY ＜(社)出版者著作権管理機構委託出版物＞
本書の無断複写は著作権法上での例外を除き禁じられています．複写される場合は，そのつど事前に，(社)出版者著作権管理機構（電話 03-3513-6969, FAX 03-3513-6979, e-mail: info@jcopy.or.jp）の許諾を得てください．

復刊本

復刊 作用素代数入門
—Hilbert空間よりvon Neumann代数— （共立講座現代の数学23巻 改装）
梅垣壽春・大矢雅則・日合文雄著 ･･･ A5・240頁・定価4305円 (税込)

復刊 半群論
（共立講座 現代の数学8巻 改装）
田村孝行著 ･･････ A5・350頁・定価5775円 (税込)

復刊 有限群論
（共立講座 現代の数学7巻 改装）
伊藤 昇著 ･･････ A5・214頁・定価3675円 (税込)

復刊 可換環論
（共立講座 現代の数学4巻 改装）
松村英之著 ･･････ A5・384頁・定価5985円 (税込)

復刊 イデアル論入門
（共立全書178 改装）
成田正雄著 ･･････ A5・232頁・定価3885円 (税込)

復刊 アーベル群・代数群
（共立講座 現代の数学6巻 改装）
本田欣哉・永田雅宜著 ･･････ A5・218頁・定価3990円 (税込)

復刊 束 論
（共立全書161 改装）
岩村 聯著 ･･････ A5・164頁・定価3465円 (税込)

復刊 代数幾何学入門
（共立講座 現代の数学9巻 改装）
中野茂男著 ･･････ A5・228頁・定価3675円 (税込)

復刊 抽象代数幾何学
（共立講座 現代の数学10巻 改装）
永田雅宜・宮西正宜・丸山正樹著 ･･･ A5・270頁・定価4095円 (税込)

復刊 微分幾何学とゲージ理論
（共立講座 現代の数学18巻 改装）
茂木 勇・伊藤光弘著 ･･････ A5・184頁・定価3780円 (税込)

復刊 リーマン幾何学入門 増補版
（共立全書182 改装）
朝長康郎著 ･･････ A5・248頁・定価4095円 (税込)

復刊 初等カタストロフィー
（共立全書208 改装）
野口 広・福田拓生著 ･･････ A5・224頁・定価3885円 (税込)

復刊 位相空間論
（共立全書82 改装）
河野伊三郎著 ･･････ A5・208頁・定価3675円 (税込)

復刊 位相幾何学
—ホモロジー論— （共立講座 現代の数学15巻 改装）
中岡 稔著 ･･････ A5・248頁・定価4410円 (税込)

復刊 微分位相幾何学
（共立講座 現代の数学14巻 改装）
足立正久著 ･･････ A5・182頁・定価3885円 (税込)

復刊 位相力学
—常微分方程式の定性的理論— （共立講座 現代の数学24巻 改装）
斎藤利弥著 ･･････ A5・228頁・定価3885円 (税込)

復刊 位相解析
—理論と応用への入門— （「位相解析」1967年刊 改装）
加藤敏夫著 ･･････ A5・336頁・定価5565円 (税込)

復刊 代数的整数論
（現代数学講座4 改装）
河田敬義著 ･･････ A5・192頁・定価3675円 (税込)

復刊 数値解析の基礎
—偏微分方程式の初期値問題— （共立講座 現代の数学28巻 改装）
山口昌哉・野木達夫著 ･･････ A5・192頁・定価3675円 (税込)

復刊 無理数と極限
（共立全書166 改装）
小松勇作著 ･･････ A5・220頁・定価3675円 (税込)

復刊 ルベーグ積分 第2版
（共立全書117 改装）
小松勇作著 ･･････ A5・264頁・定価3885円 (税込)

復刊 ヒルベルト空間論
（共立全書49 改装）
吉田耕作著 ･･････ A5・226頁・定価4095円 (税込)

復刊 差分・微分方程式
（共立講座 現代の数学26巻 改装）
杉山昌平著 ･･････ A5・256頁・定価4095円 (税込)

復刊 佐藤超函数入門
（共立講座 現代の数学20巻 改装）
森本光生著 ･･････ A5・312頁・定価5040円 (税込)

復刊 数理論理学
（共立講座 現代の数学1巻 改装）
松本和夫著 ･･････ A5・206頁・定価3885円 (税込)

復刊 超函数論
（現代数学講座13 改装）
吉田耕作著 ･･････ A5・180頁・定価3675円 (税込)

復刊 積分幾何学
（現代数学講座20 改装）
栗田 稔著 ･･････ A5・120頁・定価3150円 (税込)

復刊 ノルム環
（共立講座 現代の数学19巻 改装）
和田淳蔵著 ･･････ A5・240頁・定価4095円 (税込)

共立出版 http://www.kyoritsu-pub.co.jp/